HUAGONG SHUZHI JISUAN

化工数值计算

芮泽宝　吴　鑫　丁朝斌　编著

中山大学出版社
SUN YAT-SEN UNIVERSITY PRESS
·广州·

图书在版编目（CIP）数据

化工数值计算/芮泽宝，吴鑫，丁朝斌编著 . —广州：中山大学出版社，2024. 10
ISBN 978 - 7 - 306 - 08030 - 1

Ⅰ. ①化…　Ⅱ. ①芮… ②吴… ③丁…　Ⅲ. ①化工计算—数值计算
Ⅳ. ①TQ015. 9

中国国家版本馆 CIP 数据核字（2024）第 035729 号

出　版　人：王天琪
策划编辑：陈文杰　谢贞静
责任编辑：梁嘉璐
封面设计：曾　斌
责任校对：罗永梅
责任技编：靳晓虹
出版发行：中山大学出版社
电　　话：编辑部 020 - 84110776，84113349，84111997，84110779，84110283
　　　　　发行部 020 - 84111998，84111981，84111160
地　　址：广州市新港西路 135 号
邮　　编：510275　传　真：020 - 84036565
网　　址：http://www. zsup. com. cn　E-mail：zdcbs@ mail. sysu. edu. cn
印　刷　者：广东虎彩云印刷有限公司
规　　格：787mm×1092mm　1/16　11. 75 印张　272 千字
版次印次：2024 年 10 月第 1 版　2024 年 10 月第 1 次印刷
定　　价：38. 00 元

目　　录

第1章 化工数值计算基础

1.1 数值分析与化工的关系

 ### 1.1.1 化工计算的重要性与复杂性

化工计算涉及的内容十分广泛，其中，气液相平衡计算、物料与热量的衡算等是化工计算中最基本的内容。在化工生产中，常见的单元操作，如蒸馏、吸收、萃取等，都伴随相变过程，气液相平衡计算是以相平衡理论为基础，确定工艺过程中的物料组成及操作条件等。物料衡算是以质量守恒定律为基础，结合化学反应、相变化等有关基本定律或关系进行的定量计算，以确定工艺过程中的物料组成及各组分的量等。能量衡算则是根据能量守恒定律，结合化学反应、相变中的能量变化关系进行的定量计算，以确定工艺过程中所交换的能量及有关操作指标的变化。

化工计算是整个化工设计的基础部分，必须在设备设计或选型之前完成。化工计算为生产过程中各种操作参数的调节与控制提供了定量的依据。正常生产中，反应物的配比、各种物料的流量（包括循环量、放空量等），均可通过化工计算确定。在实际生产中，会以化工计算的结果为依据，规定某些操作参数的允许变化范围，使生产得以稳定、均衡地进行。此外，化工计算还能通过提供的工艺过程中原材料消耗量、中间产品和产品生成量等数据，获得能量等的消耗量及冷却水的需求量，并能对生产过程进行一定的技术经济分析。

然而，实际化工计算中常常会碰到一些数学问题的精确解（解析解）较难得到或无法直接求解的情况。下面所列举的简单蒸馏计算实例，就属于这类问题。

设溶液的起始量为 F，起始组成为 x_F，蒸馏结束时的残液组成为 x_W，拟计算残液量 W。根据对简单蒸馏过程的分析可知：

$$\ln \frac{F}{W} = \int_{x_W}^{x_F} \frac{\mathrm{d}x}{y - x} \qquad (1-1)$$

式 $(1-1)$ 是计算简单蒸馏时运用的著名的雷利公式，其中 y 是与组成 x 的液相达到平衡的气相组成（为简单起见，此处仅考虑二组分溶液）。积分式中包含 x、y 两个变量。若相平衡关系为 $y = f(x)$，将具体的函数关系代入积分式中进行积分时，往往会因被积函数过于复杂而无法获得解析解。若 y 与 x 之间只有数值关系，即只有

一组 $x(x_0,x_1,\cdots,x_n)$ 和 $y(y_0,y_1,\cdots,y_n)$ 相对应，也不可能求得解析解。

 ### 1.1.2　数值分析与化工过程模型化

化工过程模型化是化工过程设计与分析、过程研究与开发、系统工程、模型预测、优化与控制及生产计划与调度的基础。化工过程模拟可用于尚未建立的或已经建立的过程，既可用于过程的研究、开发和设计，也可用于评估其运转情况，控制和改进过程。数学模型的建立是化工过程模拟的一个关键步骤。化工过程一般包括"三传一反"，即质量传递、热量传递、动量传递和化学反应，数学模型就是以质量平衡、热量平衡和动量平衡为基础，并结合反应动力学而建立的模型方程式。

数值分析是指选择适当的算法并设计适当的计算机程序求解由实际问题建立的化学化工数学模型。化工中物料参数的计算、反应器的设计、反应过程的可视化都能通过选择合适的数值分析方法得到相应的结果。例如，在化工精馏塔设计中，利用数值分析计算简单精馏塔的理论板数，选择合适的数值积分方法（如路易斯法）就能方便地得到精馏段理论板数 N 和提馏段理论板数 M。

随着化学工程、计算机软硬件及计算技术的发展，建立过程机理模型并进行计算机数值模拟，以便对化工过程进行设计和分析、模型预测、优化和控制等，已经成为化学工程的一个重要任务。因此，模拟计算对于从事化学工程的大学生、教学与研究人员、工程师等都是非常重要的。数值分析与化学化工专业有着紧密的联系，学好化工数值计算这门课程能够更好地帮助我们解决化学化工中的各种数值计算问题。

1.2　数值分析的特点和应用

 ### 1.2.1　计算数学与科学计算

几十年来，由于计算机及其科学技术的快速发展，求解各种数学问题的数值方法也越来越多地应用于科学技术各领域，新的计算性交叉学科分支不断涌现，如计算力学、计算物理、计算化学、计算生物学、计算经济学、工程计算等，统称为科学计算，其涉及数学的各个分支，而它们适用于计算机编程的算法是计算数学的研究范畴。计算数学是各种计算性学科的共性基础，是兼有基础性、应用性的数学学科。科学计算是一门工具性、方法性的学科，发展迅速。它与理论研究和科学实验共同成为现代科学发展的三种主要手段，它们相辅相成又相互独立。在实际应用中导出的数学模型，其完备形式往往不能方便地求出精确解，于是只能转化为简化模型求其数值解，如忽略复杂的非线性模型中的一些因素而将其简化为可以求出精确解的线性模型，但这样做往往不能满足近似程度的要求。得益于计算机与计算数学的快速发展，使用数值方法直接求解做较少简化的模型，便可以得到满足近似程度要求的结果，使科学计算发挥出更大的作用。

1.2.2　计算方法与计算机

　　计算方法是数学的一个组成部分，很多方法都与当时的数学家名字相联系，如牛顿插值公式、方程求根的牛顿法、解线性方程组的高斯消元法、计算积分的辛普森公式等。计算方法的发展与计算工具的发展密切相关。在电子计算机出现以前，计算工具只有算盘、算图、算表、算尺及手摇或电动计算机等，计算方法也只能计算规模较小的问题。在电子计算机出现以后，计算方法才迅速发展并形成数学科学的一个独立分支——计算数学。当代计算能力的大幅度提高既来自计算机的进步，也来自计算方法的进步，两者的发展相辅相成、彼此促进。例如，1955—1975 年的 20 年间，计算机的运算速度提高数千倍，而同一时期解决一定规模的椭圆形偏微分方程计算方法的效率提高约 100 万倍，说明计算方法的进步对提高计算能力的贡献更大。计算规模的不断扩大和计算方法的发展促进了新的计算机体系结构诞生并发展了并行计算机，而计算机的更新换代也对计算方法提出了新的标准和要求。自计算机诞生以来，经典的计算方法已经历了一个重新评价、筛选、改造和创新的过程，与此同时涌现了许多新概念、新课题和能发挥计算机解题潜力的新方法，这些构成了现代意义的计算数学。

1.2.3　数值分析的研究对象

　　数值分析亦称为计算数学，是数学科学的一个分支，它研究用计算机求解各种数学问题的数值计算方法及其理论与软件实现。用计算机求解科学技术问题通常经历以下过程：实际问题→数学模型→数值计算方法→程序设计→上机计算求得结果。其中，根据实际问题建立数学模型通常是应用数学的任务，而选择数值计算方法并进行程序设计，最终求出结果是计算数学的任务，也就是数值分析研究的对象，它涉及数学的各个分支，内容十分广泛。"数值分析"课程一般介绍其中最基本、最常用的数值计算方法及其理论，包括非线性方程与方程组的求解、插值与数据逼近、数值微分与积分等。它们都是以数学问题为研究对象，只是不像纯数学那样只研究数学本身的理论，而是把理论与计算紧密结合，着重研究数学问题的数值算法及其理论。

1.2.4　数值分析的特点

　　数值分析也称为计算方法，但不应片面地将它理解为各种数值方法的简单罗列和堆积。与其他数学课程一样，数值分析也是一门内容丰富，研究方法深刻，有自身理论体系的课程，既有纯数学高度抽象性与严密科学性的特点，又有应用广泛性与实际试验高度技术性的特点，是一门与计算机使用结合密切且实用性很强的数学课程。它与纯数学课程不同，例如，在考虑线性方程组数值解时，"线性代数"中只介绍解存

在的唯一性及相关理论和精确解法，运用这些理论和方法，无法在计算机上求解有上百个未知数的方程组，更不用说求解有十几万个未知数的方程组了。求解这类问题还应根据方程特点，研究适合计算机使用的、满足精度要求的、节省时间的有效算法及相关的理论。在实现这些算法时，往往还要根据计算机容量、字长、速度等指标，研究具体求解步骤和程序设计技巧。有些方法在理论上虽然不够严格，但通过实际计算、对比分析等手段，只要能证明它们是行之有效的方法，也应采用。这些就是数值分析具有的特点，概括起来有以下四点：

第一，面向计算机，要根据计算机的特点提供实际可行的有效算法，即算法只能包括加、减、乘、除运算和逻辑运算，它们都是计算机能直接处理的。

第二，有可靠的理论分析，能任意逼近并达到精度要求，对近似算法要保证收敛性和数值稳定性，还要对误差进行分析。这些都要建立在相应数学理论的基础上。

第三，有好的计算复杂性。时间复杂性好是指节省时间，空间复杂性好是指节省存储量，这些也是建立算法要研究的问题，关系到算法能否在计算机上实现。

第四，有数值实验。任何一个算法，除了要从理论上满足上述三点，还要通过数值实验证明它是行之有效的。

根据数值分析的特点，学习时首先要注意掌握方法的基本原理和思想，要注意方法处理的技巧及其与计算机的结合，要重视误差分析、收敛性及稳定性的基本理论；其次，要通过例子学习使用各种数值方法解决不同的实际计算问题；最后，为了掌握本课程的内容，还应做一定数量的理论分析与计算练习。由于本课程内容包括微积分、代数、常微分方法的数值方法，读者只有掌握这几门课程的基本内容才能学好本课程。

1.3　算法与程序框图

1.3.1　数值方法与数值算法

人们通常认为"数值方法"和"数值算法"是同义词，本小节通过对概念的介绍来区分这两个定义。数值方法是指对所要执行计算的数学描述，数值算法被视为获得期望结果而进行的一系列的顺序操作。这种定义表明一个好的数值方法（如拥有强大的数学特性）可以用不同的数值算法实现。另外，根据某些尺度，一种算法可能会比其他算法能更好地表达这一方法。不同的方法可以达到同一目的，不同的算法也可以表达同一方法，但高效和可行的算法有以下共同特点：

（1）有穷性，即算法执行步骤必须是有限的、合理的。

（2）确定性，即每个步骤必须明确，无歧义。

（3）可行性，即计算步骤都可在有限的时间内完成。

（4）有效性，即每个步骤必须有效执行，并有结果。

（5）不唯一性，即对同一个问题可以有不同的算法。

确定了一个算法之后，就要用计算机代码来实现。代码是将算法用某一种计算机语言顺序描述出来。就像不同的算法可以实现同一种方法一样，不同的代码也可以实现同一种算法。可以使用自然语言、程序框图或程序语言对算法进行描述，即算法的思想就是程序化思想。

 ## 1.3.2　程序框图

程序框图也称为流程图，是一种用规定的图形、指向线及文字说明来准确、直观地表示算法的图形。它描述了计算机一步一步完成任务的过程，从而可以直观地展现程序执行的控制流程，便于初学者掌握。

1. 构成程序框的图形符号及其作用

一个程序框图主要包括表示相应操作的程序框、带箭头的流程线和程序框外必要的文字说明。常用的程序框图形符号及其功能见表 1 - 1。

表 1 - 1　常见的程序框图形符号及其功能

程序框图形符号	名称	功能
	起止框	表示一个算法的起始和结束，是任何算法程序框图必不可少的
	输入、输出框	表示一个算法输入和输出的信息，可用在算法中任何需要输入、输出的位置
	处理框	用于赋值、计算。算法中处理数据需要的算式、公式等分别写在用于处理数据的不同处理框中
	判断框	判断某一条件是否成立，成立时在出口处标明"是"或"Y"，不成立时在出口处标明"否"或"N"
	流程线	算法的前进方向及先后顺序
	连接点	连接另一页或另一部分的框图

在学习程序框图时，要掌握各个图形的形状、作用及使用规则，画程序框图有以

下规则：

（1）使用标准的图形符号。

（2）框图一般按从上到下、从左到右的方向画。

（3）除判断框外，大多数程序框图形符号只有一个进入点和一个退出点。判断框是有超过一个退出点的唯一符号。

（4）判断框分两大类，一类判断框为"是"与"否"两分支的判断，而且有且仅有两种结果；另一类是分支判断，有几种不同的结果。

（5）图形符号内的描述语言要非常简练清楚。

2．算法的基本逻辑结构

用程序框图表达的算法有三种基本逻辑结构，分别为顺序结构、条件结构和循环结构。

1）顺序结构。

顺序结构是最简单的算法结构，语句与语句之间、框与框之间是按从上到下的顺序执行的，它由若干个依次执行的处理步骤组成，是任何一个算法都离不开的一种基本算法结构。

顺序结构在程序框图中的体现就是用流程线将程序框自上而下地连接起来，按顺序执行算法步骤。如图 1−1 所示，框 A 和框 B 是依次执行的，只有在执行完框 A 指定的操作后，才能接着执行框 B 所指定的操作。

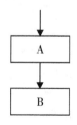

图 1−1　顺序结构的程序框图示意

例 1.1　已知一个三角形的三条边边长分别为 2，3，4，利用海伦 − 秦九韶公式设计一个算法，求出它的面积。画出这个算法的程序框图。

解　已知海伦 − 秦九韶公式为 $s = \sqrt{p(p-a)(p-b)(p-c)}$，其中，$p = \dfrac{a+b+c}{2}$，$a,b,c$ 为三角形的边长。由此设计的程序框图如图 1−2 所示。

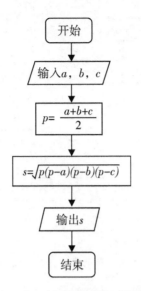

图 1 - 2　求三角形面积的程序框图示意

2）条件结构。

条件结构又称为选择结构，是指算法中对条件进行判断，根据条件是否成立而选择不同流向的算法结构。如图 1 - 3 所示，算法执行到此判断条件 P 是否成立，根据结果的不同选择执行框 A 或框 B。无论条件 P 是否成立，只能执行 A、B 两框之一，不可能既执行框 A 又执行框 B，也不可能框 A、框 B 都不执行。另外，框 A 或框 B 可以是空的，即不执行任何操作。

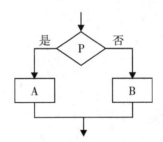

图 1 - 3　条件结构的程序框图示意

例 1.2　任意给定三个正实数，设计一个算法，判断以这三个数为三边边长的三角形是否存在。画出这个算法的程序框图。

解　若三个数能够作为三角形的三条边长，那么一定满足两边之和大于第三边的定理，即同时满足 $a + b > c$，$b + c > a$ 及 $a + c > b$。由此设计的程序框图如图 1 - 4 所示。

7

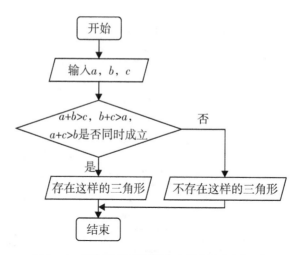

图 1-4 判断三角形是否存在的程序框图示意

例 1.3 设计一个求解一元二次方程 $ax^2 + bx + c = 0$ 的算法，并画出这个算法的程序框图。

解 首先判断该一元二次方程是否有解，即计算判别式 $\Delta = b^2 - 4ac \geqslant 0$ 是否成立。若 $\Delta \geqslant 0$，则方程有解，计算 p 和 q 的值；反之无解，输出"方程无实数根"，结束算法。若 $\Delta \geqslant 0$，继续判断 $\Delta = 0$ 是否成立，由此判断根的个数。若 $\Delta = 0$ 成立，则输出 $x_1 = x_2 = p$，否则计算两根并输出。由此设计的程序框图如图 1-5 所示。

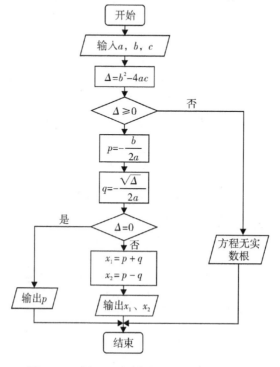

图 1-5 求解一元二次方程的程序框图示意

3）循环结构。

在一些算法中，要求重复执行同一操作的结构称为循环结构。从算法某处开始，按照一定条件重复执行某一处理过程。重复执行的处理步骤称为循环体。需要注意的是，循环结构不能是永无终止的"死循环"，一定要在某个条件下终止循环，这就需要条件结构来做出判断。因此，循环结构中一定包含条件结构，且循环结构都有一个计数变量和一个累加变量。计数变量用于记录循环次数，累加变量用于输出结果。计数变量和累加变量一般是同步执行的，累加一次，计数一次。

循环结构有两种形式，分别为当型循环结构与直到型循环结构。

（1）当型循环结构。当型循环在每次执行循环体前对循环条件进行判断，当条件满足时反复执行循环体，不满足则停止。如图 1 – 6(a) 所示，它的功能是先判断给定的条件 P 是否成立，若 P 成立，则返回来执行框 A，再判断条件 P 是否仍然成立，以此重复操作，直到某一次给定的判断条件 P 不成立为止，此时不再返回来执行框 A，而是离开循环体，接着执行循环体外的框图。

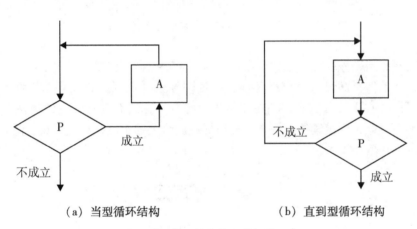

（a）当型循环结构　　　　　（b）直到型循环结构

图 1 – 6　循环结构的程序框图示意

例 1.4　设计一个计算 $1 + 2 + 3 + \cdots + 100$ 的值的算法，并画出这个算法的程序框图。

解　依次累加这 100 个数需要做 100 次加法，算法首先令 $i = 1, S = 0$。接着进入当型循环结构，即当 $i \leqslant 100$ 时成立，执行第三步，否则退出循环并输出 S，结束算法。第三步将 $S + i$ 的值赋给 S，将 $i + 1$ 的值赋给 i，进入下一次判断，以此循环。由此设计的程序框图如图 1 – 7 所示。

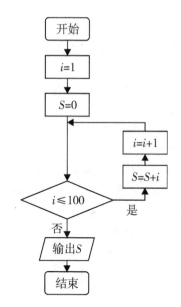

图 1-7　求和的程序框图示意

（2）直到型循环结构。直到型循环在执行了一次循环体之后，对控制循环条件进行判断，当条件不满足时执行循环体，满足则停止（反复执行循环体，直到条件满足）。如图 1-6（b）所示，它的功能是先执行框 A，然后判断给定的条件 P 是否成立，若 P 不成立，则继续执行框 A，直到某一次给定的条件 P 成立为止，此时不再执行框 A，离开循环体。

1.4　误差与有效数字

 ## 1.4.1　误差的基本概念

1. 误差与误差限

定义 1.1　设 x 为准确值，x^* 为 x 的一个近似值，$e^* = x^* - x$ 称为近似值的绝对误差，简称误差。

注意，这样定义的误差 e^* 可正可负，当绝对误差为正时近似值偏大，叫作强近似值；当绝对误差为负时近似值偏小，叫作弱近似值。

通常，我们不能算出准确值 x，也不能算出误差 e^* 的准确值，只能根据测量工具或计算情况估计误差的绝对值不超过某个正数 ε^*，也就是误差绝对值的一个界。ε^* 叫作近似值的误差限，它总是正数。例如，用毫米刻度的米尺测量一个物体的长度 x（单位为 mm），读出和该长度接近的刻度 x^*，x^* 是 x 的近似值，它的误差限是

0.5 mm，于是 $|x^* - x| \leqslant 0.5$ mm。例如，若读出的长度为 300 mm，则有 $|300\ mm - x| \leqslant 0.5$ mm。从该不等式仍不知道准确的 x 是多少，但知道299.5 mm$\leqslant x$ $\leqslant$300.5 mm，说明 x 的大小在区间 ［299.5，300.5］ 中。对于一般情形，若 $|x^* - x| \leqslant \varepsilon^*$，则 $x^* - \varepsilon^* \leqslant x \leqslant x^* + \varepsilon^*$，这个不等式有时也可表示为 $x = x^* \pm \varepsilon^*$。

2. 相对误差与相对误差限

误差限的大小还不能完全表示近似值的好坏。例如，有两个量 $x = 10 \pm 1$，$y =$ 1000 ± 5，则 $x^* = 10, \varepsilon_x^* = 1, y^* = 1000, \varepsilon_y^* = 5$。虽然 ε_y^* 是 ε_x^* 的5倍，但 $\dfrac{\varepsilon_y^*}{y} =$ $\dfrac{5}{1000} = 0.5\%$，$\dfrac{\varepsilon_x^*}{x} = \dfrac{1}{10} = 10\%$，前者比后者要小得多，这说明 y^* 近似 y 的程度比 x^* 近似 x 的程度要好得多。因此，除了考虑误差的大小，还应考虑准确值 x 本身的大小，近似值的误差 e^* 与准确值 x 的比值

$$\frac{e^*}{x} = \frac{x^* - x}{x}$$

称为近似值的相对误差，记作 e_r^*。

在实际计算中，由于准确值 x 总是未知的，通常取

$$e_r^* = \frac{e^*}{x^*} = \frac{x^* - x}{x^*}$$

作为 x^* 的相对误差，条件是 $e_r^* = \dfrac{e^*}{x^*}$ 较小，此时

$$\frac{e^*}{x} - \frac{e^*}{x^*} = \frac{e^*(x^* - x)}{x^* x} = \frac{(e^*)^2}{x^*(x^* - e^*)} = \frac{\left(\dfrac{e^*}{x^*}\right)^2}{1 - \dfrac{e^*}{x^*}}$$

是 e_r^* 的二次方项级，故可忽略不计。

相对误差也可正可负，它的绝对值上界叫作相对误差限，记作 ε_r^*，即

$$\varepsilon_r^* = \frac{\varepsilon^*}{|x^*|}$$

根据定义，在上例中，$\dfrac{\varepsilon_x^*}{|x^*|} = 10\%$ 与 $\dfrac{\varepsilon_y^*}{|y^*|} = 0.5\%$ 分别为 x 与 y 的相对误差限，可见 y^* 近似 y 的程度比 x^* 近似 x 的程度要好。

1.4.2　有效数字

当准确值 x 有多位数时，常常按四舍五入的原则得到 x 的前几位近似值 x^*。例如，$x = \pi = 3.14159265\cdots$，取前三位，$x_3^* = 3.14$，$\varepsilon_3^* \leqslant 0.002$；取前五位，$x_5^* = 3.1416$，$\varepsilon_5^* \leqslant 0.000008$。它们的误差都不超过末位数字的半个单位，即

$\left| \pi - 3.14 \right| \leqslant \dfrac{1}{2} \times 10^{-2}$，$\left| \pi - 3.1416 \right| \leqslant \dfrac{1}{2} \times 10^{-4}$。若近似值 x^* 的误差限是某一位的半个单位，该位到 x^* 的第一位非零数字共有 n 位，就说 x^* 有 n 位有效数字。如取 $x^* = 3.14$ 作为 π 的近似值，就有三位有效数字；如取 $x^* = 3.1416$ 作为 π 的近似值，就有五位有效数字。x^* 有 n 位有效数字可写成标准形式

$$x^* = \pm 10^m \times [\, a_1 + a_2 \times 10^{-1} + \cdots + a_n \times 10^{-(n-1)} \,] \qquad (1-2)$$

其中，a_1 是 $1 \sim 9$ 中的一个数字；a_2，$\cdots$，a_n 是 $0 \sim 9$ 中的一个数字，m 为整数，且

$$\left| x - x^* \right| \leqslant \dfrac{1}{2} \times 10^{m-n+1} \qquad (1-3)$$

例 1.5 按四舍五入的原则写出下列各数具有五位有效数字的近似数：187.9325，0.037856，8.000033，2.7182818。

解 按定义，上述各数具有五位有效数字的近似数分别是 187.93，0.037856，8.0000，2.7183。

注意，$x = 8.000033$ 的五位有效数字是 8.0000 而不是 8，因为 8 只有一位有效数字。

例 1.6 重力常数 g 若以 m/s^2 为单位，则 $g \approx 9.80$ m/s^2；若以 km/s^2 为单位，则 $g \approx 0.00980$ km/s^2，它们都具有三位有效数字。按第一种写法，有

$$\left| g - 9.80 \right| \leqslant \dfrac{1}{2} \times 10^{-2}$$

据式（1-2），这里 $m = 0, n = 3$；按第二种写法，有

$$\left| g - 0.00980 \right| \leqslant \dfrac{1}{2} \times 10^{-5}$$

这里 $m = -3, n = 3$。它们虽然写法不同，但都具有三位有效数字。至于误差限，由于单位不同，结果也不同，$\varepsilon_1^* = \dfrac{1}{2} \times 10^{-2}$ m/s^2，$\varepsilon_2^* = \dfrac{1}{2} \times 10^{-5}$ km/s^2，而相对误差都是

$$\varepsilon_{\mathrm{r}}^* = \dfrac{0.005}{9.80} = \dfrac{0.000005}{0.00980}$$

注意，相对误差与相对误差限是无量纲的，而绝对误差与误差限是有量纲的。

例 1.6 说明有效位数和小数点后有多少位数无关。然而，从式（1-3）可以得到具有 n 位有效数字的近似数 x^*，其误差限为

$$\varepsilon^* = \dfrac{1}{2} \times 10^{m-n+1}$$

在 m 相同的情况下，n 越大，10^{m-n+1} 越小，故有效位数越多，误差限越小。

关于有效数字与相对误差限的关系，有如下定理。

定理 1.1 对于用式（1-2）表示的近似数 x^*，若 x^* 有 n 位有效数字，则其相对误差限为 $\varepsilon_{\mathrm{r}}^* \leqslant \dfrac{1}{2a_1} \times 10^{-(n-1)}$；反之，若 x^* 的相对误差限 $\varepsilon_{\mathrm{r}}^* \leqslant \dfrac{1}{2(a_1 + 1)} \times$

$10^{-(n-1)}$，则 x^* 至少有 n 位有效数字。

证明 由式 $(1-2)$ 可得 $a_1 \times 10^m \leqslant |x^*| \leqslant (a_1+1) \times 10^m$。

当 x^* 有 n 位有效数字时，有

$$\varepsilon_r^* = \frac{|x-x^*|}{|x^*|} \leqslant \frac{0.5 \times 10^{m-n+1}}{a_1 \times 10^m} = \frac{1}{2a_1} \times 10^{-n+1}$$

反之，有

$$|x-x^*| = |x^*||\varepsilon_r^*| \leqslant (a_1+1) \times 10^m \times \frac{1}{2(a_1+1)} \times 10^{-n+1}$$

$$= \frac{1}{2} \times 10^{m-n+1}$$

故 x^* 至少有 n 位有效数字，证毕。

定理 1.1 说明，有效位数越多，相对误差限越小。

例 1.7 要使 $\sqrt{20}$ 的近似值的相对误差限小于 0.1%，要取几位有效数字？

解 由定理 1.1 知，$\varepsilon_r^* \leqslant \dfrac{1}{2a_1} \times 10^{-(n-1)}$。

由 $\sqrt{20} = 4.4\cdots$ 知，$a_1 = 4$，故只要取 $n=4$，就有

$$\varepsilon_r^* \leqslant 0.125 \times 10^{-3} < 10^{-3} = 0.1\%$$

即只要对 $\sqrt{20}$ 的近似值取四位有效数字，其相对误差限就小于 0.1%，此时

$$\sqrt{20} \approx 4.472$$

1.4.3 误差来源和误差分析的重要性

用计算机解决科学计算问题首先要建立数学模型，它由对被描述的实际问题进行抽象、简化而得到，因而是近似的。我们把数学模型与实际问题之间出现的这种误差称为模型误差。只有实际问题提法正确，建立数学模型时的抽象、简化是合理的，才能得到好的结果。由于这种误差难以用数量表示，通常都假定数学模型是合理的，这种误差可忽略不计，在数值分析中不予以讨论。在数学模型中往往还有一些根据观测得到的物理量，如温度、长度、电压等，这些参量显然也包含误差。这种由观测产生的误差称为观测误差，在数值分析中也不讨论这种误差。数值分析只研究用数值方法求解数学模型时产生的误差。

当数学模型不能得到精确解时，通常要用数值方法求它的近似解，其近似解与精确解之间的误差称为截断误差或方法误差。例如，当函数 $f(x)$ 用泰勒多项式

$$P_n(x) = f(0) + \frac{f'(0)}{1!}x + \frac{f''(0)}{2!}x^2 + \cdots + \frac{f^{(n)}(0)}{n!}x^n$$

近似代替时，数值方法的截断误差是

$$R_n(x) = f(x) - P_n(x) = \frac{f^{(n+1)}(\xi)}{(n+1)!}x^{n+1}，\xi 在 x 与 0 之间$$

有了求解数学问题的计算公式之后，用计算机进行数值计算时，由于计算机的字长有限，原始数据在计算机上表示会产生误差，计算过程中又可能产生新的误差，这种误差称为舍入误差。例如，用 3.14159 近似代替 π 产生的误差 $R = \pi - 3.14159 = 0.0000026\cdots$ 就是舍入误差。

在数值分析中，除了研究数学问题的算法，还要研究计算结果的误差是否满足精度要求，这就是误差估计问题。本书主要讨论算法的截断误差，对舍入误差通常只作一些定性分析。下面举例说明误差分析的重要性。

例 1.8 计算 $I_n = e^{-1}\int_0^1 x^n e^x dx (n = 0,1,\cdots)$，并估计误差。

解 由分部积分可得计算 I_n 的递推公式

$$\begin{cases} I_0 = e^{-1}\int_0^1 e^x dx = 1 - e^{-1} \\ I_n = 1 - nI_{n-1}(n = 1,2,\cdots) \end{cases} \tag{1-4}$$

若计算出 I_0，代入式（1-4），则可逐次求出 $I_1, I_2, \cdots$ 的值。要算出 I_0，就要先计算 e^{-1}。用泰勒多项式展开部分，即

$$e^{-1} \approx 1 + (-1) + \frac{(-1)^2}{2!} + \cdots + \frac{(-1)^k}{k!}$$

取 $k = 7$，用四位小数计算，得 $e^{-1} \approx 0.3679$，截断误差为

$$R_7 = |e^{-1} - 0.3679| \leqslant \frac{1}{8!} < \frac{1}{4} \times 10^{-4}$$

计算过程中小数点后第五位的数字按四舍五入原则舍入，由此产生的舍入误差这里先不讨论。当初值取为 $I_0 \approx 0.6321 = \widetilde{I_0}$ 时，运用式（1-4）的递推计算，有

$$\begin{cases} \widetilde{I_0} = 0.6321 \\ \widetilde{I_n} = 1 - n\widetilde{I_{n-1}}(n = 1,2,\cdots) \end{cases}$$

计算结果见表 1-2。用 $\widetilde{I_0}$ 近似 I_0 产生的误差 $E_0 = I_0 - \widetilde{I_0}$ 就是初值误差，它对后面的计算结果是有影响的。

从表 1-2 可以看到，$\widetilde{I_8}$ 出现负值，这与一切 $I_n > 0$ 相矛盾。实际上，由积分估值得

$$\frac{e^{-1}}{n+1} = e^{-1}\left(\min_{0 \leqslant x \leqslant 1} e^x\right)\int_0^1 x^n dx < I_n < e^{-1}\left(\max_{0 \leqslant x \leqslant 1} e^x\right)\int_0^1 x^n dx = \frac{1}{n+1} \tag{1-5}$$

因此，当 n 较大时，用 $\widetilde{I_n}$ 近似 I_n 是不正确的。这里，计算公式与每步计算都是正确的，那么，计算结果出现错误的原因是什么？主要就是初值 $\widetilde{I_0}$ 有误差 $E_0 = I_0 - \widetilde{I_0}$，由此引起以后各步计算的误差 $E_n = I_n - \widetilde{I_n}$ 满足关系 $E_n = -nE_{n-1}(n = 1,2,\cdots)$。容易推得

$$E_n = (-1)^n n! E_0$$

这说明若 $\widetilde{I_0}$ 有误差 E_0，则 $\widetilde{I_n}$ 的误差 E_n 就是 E_0 的 $n!$ 倍。例如，$n=8$，若 $|E_0|=\dfrac{1}{2}\times10^{-4}$，则 $|E_8|=8!\times|E_0|>2$，这就说明 $\widetilde{I_8}$ 完全不能近似 I_8 了。

现在换一种计算方案，在式（1-5）中取 $n=9$，得

$$\frac{e^{-1}}{10} < I_9 < \frac{1}{10}$$

粗略取 $I_9 \approx \dfrac{1}{2}\left(\dfrac{1}{10}+\dfrac{e^{-1}}{10}\right)\approx 0.0684=I_9^*$，然后将式（1-4）倒过来计算，即由 I_9^* 算出 $I_8^*,I_7^*,\cdots,I_1^*$，公式为

$$\begin{cases} I_9^* = 0.6321 \\ I_{n-1}^* = \dfrac{1}{n}(1-I_n^*) \quad (n=9,8,\cdots,1) \end{cases}$$

计算结果见表 1-2。可以发现，I_0 与 I_n^* 的误差不超过 10^{-4}。由于 $|E_0^*|=\dfrac{1}{n!}|E_n^*|$，$E_0^*$ 是 E_n^* 的 $\dfrac{1}{n!}$，因此，尽管 E_9^* 较大，但由于误差逐步缩小，故可用 I_n^* 近似 I_n。反之，当用第一个方案计算时，尽管初值 $\widetilde{I_0}$ 相当准确，但由于误差传播是逐步扩大的，计算结果不可靠。此例说明，在数值计算中若不注意误差分析，用了类似于第一个方案的计算公式，就会"差之毫厘，失之千里"。尽管数值计算中估计误差比较困难，但仍应重视计算过程中的误差分析。

表 1-2 例 1-8 的计算结果

n	$\widetilde{I_n}$	I_n^*	n	$\widetilde{I_n}$	I_n^*
0	0.6321	0.6321	5	0.1480	0.1455
1	0.3679	0.3679	6	0.1120	0.1268
2	0.2642	0.2643	7	0.2160	0.1121
3	0.2074	0.2073	8	-0.728	0.1035
4	0.1704	0.1708	9	7.552	0.0684

1.4.4 数值运算的误差估计

两个近似数 x_1^* 与 x_2^*，其误差限分别为 $\varepsilon(x_1^*)$ 与 $\varepsilon(x_2^*)$，它们进行加、减、乘、除运算得到的误差限分别为

$$\varepsilon(x_1^* \pm x_2^*) = \varepsilon(x_1^*) \pm \varepsilon(x_2^*) \qquad (1-6)$$

$$\varepsilon(x_1^* x_2^*) \approx |x_1^*|\varepsilon(x_2^*) + |x_2^*|\varepsilon(x_1^*) \qquad (1-7)$$

$$\varepsilon\left(\frac{x_1^*}{x_2^*}\right) \approx \frac{|x_1^*|\varepsilon(x_2^*) + |x_2^*|\varepsilon(x_1^*)}{|x_2^*|^2}(x_2^* \neq 0) \tag{1-8}$$

更一般的情况是，当自变量有误差时，计算函数值也会产生误差，其误差限可以利用函数的泰勒展开式进行估计。设 $f(x)$ 为一元函数，x 的近似值为 x^*，以 $f(x^*)$ 近似 $f(x)$，其误差限记作 $\varepsilon(f(x^*))$，可用泰勒公式展开

$$f(x) - f(x^*) = f'(x^*)(x - x^*) + \frac{f''(\xi)}{2}(x - x^*)^2$$

其中，ξ 介于 x 和 x^* 之间，取绝对值得

$$|f(x) - f(x^*)| \leq |f'(x^*)|\varepsilon(x^*) + \frac{|f''(\xi)|}{2}\varepsilon^2(x^*)$$

假定 $f''(x^*)$ 与 $f'(x^*)$ 的比值不太大，可忽略 $\varepsilon(x^*)$ 的高阶项，于是可得计算函数的误差限为

$$\varepsilon(f(x^*)) \approx |f'(x^*)|\varepsilon(x^*)$$

当 f 为多元函数时，如计算 $A = f(x_1, x_2, \cdots, x_n)$，若 $x_1, x_2, \cdots, x_n$ 的近似值为 x_1^*，$x_2^*, \cdots, x_n^*$，则 A 的近似值 $A^* = f(x_1^*, x_2^*, \cdots, x_n^*)$，于是由泰勒公式展开得函数值 A^* 的误差 $e(A^*)$ 为

$$e(A^*) = A^* - A = f(x_1^*, x_2^*, \cdots, x_n^*) - f(x_1, x_2, \cdots, x_n)$$
$$\approx \sum_{k=1}^{n} \frac{\partial f(x_1^*, x_2^*, \cdots, x_n^*)}{\partial x_k}(x_k^* - x_k) = \sum_{k=1}^{n}\left(\frac{\partial f}{\partial x_k}\right)^* e_k^*$$

于是误差限为

$$\varepsilon(A^*) \approx \sum_{k=1}^{n}\left|\left(\frac{\partial f}{\partial x_k}\right)^*\right|\varepsilon(x_k^*) \tag{1-9}$$

A^* 的相对误差限为

$$\varepsilon_r^* = \varepsilon_r(A^*) = \frac{\varepsilon(A^*)}{|A^*|} \approx \sum_{k=1}^{n}\left|\left(\frac{\partial f}{\partial x_k}\right)^*\right|\frac{\varepsilon(x_k^*)}{|A^*|} \tag{1-10}$$

例 1.9 已测得某场地长为 $l^* = 110$ m，宽为 $d^* = 80$ m，已知 $|l - l^*| \leq 0.2$ m，$|d - d^*| \leq 0.1$ m，试求面积 $S = ld$ 的误差限与相对误差限。

解 因为 $S = ld$，所以 $\frac{\partial S}{\partial l} = d$，$\frac{\partial S}{\partial d} = l$，由式（1-9）可知

$$\varepsilon(S^*) \approx \left|\left(\frac{\partial S}{\partial l}\right)^*\right|\varepsilon(l^*) + \left|\left(\frac{\partial S}{\partial d}\right)^*\right|\varepsilon(d^*)$$

其中，

$$\left(\frac{\partial S}{\partial l}\right)^* = d^* = 80 \text{ m}, \left(\frac{\partial S}{\partial d}\right)^* = l^* = 110 \text{ m}$$

而 $\varepsilon(l^*) = 0.2$ m，$\varepsilon(d^*) = 0.1$ m，于是误差限和相对误差限分别为

$$\varepsilon(S^*) \approx (80 \times 0.2 + 110 \times 0.1) \text{ m}^2 = 27 \text{ m}^2$$

$$\varepsilon_r(S^*) = \frac{\varepsilon(S^*)}{|S^*|} = \frac{\varepsilon(S^*)}{l^* d^*} \approx \frac{27}{8800} \approx 0.31\%$$

1.4.5 数值计算中减小误差的方法

数值计算中的误差分析是个很重要且复杂的问题，1.4.4 节讨论了不精确数据运算结果的误差限，它只适用于简单情形。然而，实际工程或科学计算问题往往要运算千万次，而且每步运算都有误差，但是每步都做误差分析是不可能，也是不科学的。这是因为，误差积累有正有负，这种保守的误差估计反映不了实际误差积累。考虑到误差分布的随机性，有人用概率统计方法，先将数据和运算中的舍入误差视为某种分布的随机变量，然后确定计算结果的误差分布，这样得到的误差估计更接近实际，这种方法称为概率分析法。

虽然有人针对舍入误差分析提出了一些新方法，但都不是十分有效。目前，解决这一问题的方法，常常是针对不同类型的问题逐个进行分析。由于定量分析常常很困难，对误差积累问题进行定性分析就有重要意义，这就要引入数值稳定性的概念。称运算过程中舍入误差不增长的计算公式是数值稳定的，否则是不稳定的。例如，在例 1.8 给出的两个计算方案中，第一个方案由于初值有误差，在计算过程中这一误差逐渐增大，故是数值不稳定的；第二个方案虽然初值也有误差，但计算过程中误差不增长，故是数值稳定的。研究一个计算公式是否稳定，只要假定初始值有误差 ε_0，中间不再产生新的误差，考察由 ε_0 引起的误差积累是否增长，若不增长就认为是稳定的，反之则不稳定。对于稳定的计算公式，不具体估计舍入误差积累也可相信它是可用的，误差限不会太大；而不稳定的公式通常就不能使用，若要使用，其计算步数也只能很少，并且要注意对误差积累进行控制。在本书中，对各种计算过程都只研究它的稳定性，而不具体估计舍入误差。这里只提出数值运算中应注意的若干原则，它有助于鉴别计算结果的可靠性并防止误差危害现象的出现。

1. 避免除数绝对值远远小于被除数绝对值的除法

用绝对值小的数作除数，舍入误差会增大，如计算 $\dfrac{x}{y}$，若 $0 < |y| \ll |x|$，则可能对计算结果带来严重影响，应尽量避免。

例 1.10 线性方程组 $\begin{cases} 0.00001x_1 + x_2 = 1 \\ 2x_1 + x_2 = 2 \end{cases}$ 的准确解为

$$x_1 = \frac{200000}{399999} = 0.50000125$$

$$x_2 = \frac{199998}{199999} = 0.999995$$

现在四位浮点十进制数（仿机器实际计算）下用消去法求解，上述方程组写成

$$\begin{cases} 10^{-4} \times 0.1000x_1 + 10^1 \times 0.1000x_2 = 10^1 \times 0.1000 \\ 10^1 \times 0.2000x_1 + 10^1 \times 0.1000x_2 = 10^1 \times 0.2000 \end{cases}$$

若先用 $(10^{-4} \times 0.1000)/2$ 除第一个方程然后减去第二个方程,则出现了用小数除大数的现象,得

$$\begin{cases} 10^{-4} \times 0.1000x_1 + 10^1 \times 0.1000x_2 = 10^1 \times 0.1000 \\ 10^6 \times 0.2000x_2 = 10^6 \times 0.2000 \end{cases}$$

由此解出 $x_1 = 0$,$x_2 = 1$,显然严重失真。

若反过来用第二个方程消去第一个方程中含 x_1 的项,则避免了大数被小数除的现象,得

$$\begin{cases} 10^6 \times 0.1000x_2 = 10^6 \times 0.1000 \\ 10^1 \times 0.2000x_1 + 10^1 \times 0.1000x_2 = 10^1 \times 0.2000 \end{cases}$$

由此求得较精确的近似解 $x_1 = 0.5000$,$x_2 = 10^1 \times 0.1000$。

2. 避免两相近数相减

在数值计算中,两相近数相减会导致有效数字严重损失。例如,$x = 532.65$,$y = 532.52$,都有五位有效数字,但 $x - y = 0.13$ 只有两位有效数字。必须尽量避免出现这类运算,最好改变计算方法,防止这种现象出现。

例 1.11 计算 $A = 10^7(1 - \cos 2°)$。

解 $\cos 2° = 0.9994$,直接计算得

$$A = 10^7(1 - \cos 2°) = 10^7(1 - 0.9994) = 6 \times 10^3$$

只有一位有效数字;若利用 $1 - \cos x = 2\sin^2 \dfrac{x}{2}$ 计算,则有

$$A = 10^7(1 - \cos 2°) = 2\sin^2 1° \times 10^7 = 2 \times 0.0175^2 \times 10^7 = 6.13 \times 10^3$$

具有三位有效数字。

例 1.11 说明,可以通过改变计算公式避免或减少有效数字的损失。类似地,若 x_1 和 x_2 很接近,则

$$\lg x_1 - \lg x_2 = \lg \frac{x_1}{x_2}$$

用右端算式,有效数字就不会损失。

当 x 很大时,有

$$\sqrt{x+1} - \sqrt{x} = \frac{1}{\sqrt{x+1} + \sqrt{x}}$$

同理,使用右端算式可以避免有效数字的损失。

一般情况下,当 $f(x) \approx f(x^*)$ 时,可用泰勒公式展开

$$f(x) - f(x^*) = f'(x^*)(x - x^*) + \frac{f''(x^*)}{2}(x - x^*)^2 + \cdots$$

取右端的有限项近似左端。若无法改变算式,则采用增加有效位数进行运算;在计算机上则采用双倍字长运算,但这要增加机器计算时间和多占内存单元。

3．防止大数"吃掉"小数

在数值运算中，参加运算的数有时数量级相差很大，而计算机位数有限，若不注意运算次序就可能出现大数"吃掉"小数的现象，影响计算结果的可靠性。

例 1.12　在五位十进制计算机上，计算

$$A = 52492 + \sum_{i=1}^{1000} \delta_i$$

其中，$0.1 \leqslant \delta_i \leqslant 0.9$。

解　把运算的数写成规格化形式，有

$$A = 0.52492 \times 10^5 + \sum_{i=1}^{1000} \delta_i$$

由于在计算机上计算时要对阶，若取 $\delta_i = 0.9$，对阶时 $\delta_i = 0.000009 \times 10^5$，在五位的计算机中表示为机器数 0，因此

$$A = 0.52492 \times 10^5 + 0.000009 \times 10^5 + \cdots + 0.000009 \times 10^5$$
$$\triangleq 0.52492 \times 10^5$$

其中，$\triangleq$ 表示机器中相等，结果显然不可靠。这是由于运算中出现了大数 52492 "吃掉"小数 δ_i。如果计算时先把数量级相同的 1000 个 δ_i 相加，然后再加 52492，就不会出现大数"吃掉"小数的现象，这时有

$$0.1 \times 10^3 \leqslant \sum_{i=1}^{1000} \delta_i \leqslant 0.9 \times 10^3$$
$$0.001 \times 10^5 + 0.52492 \times 10^5 \leqslant A \leqslant 0.009 \times 10^5 + 0.52492 \times 10^5$$
$$52592 \leqslant A \leqslant 53392$$

4．注意简化计算步骤，减少运算次数

针对同样一个计算问题，若能减少运算次数，不但可以节省计算机的计算时间，还能减小舍入误差。这是数值计算必须遵循的原则，也是数值分析要研究的重要内容。

例 1.13　计算 x^{255} 的值。

解　如果逐个相乘要用 254 次乘法，但若写成

$$x^{255} = x \cdot x^2 \cdot x^4 \cdot x^8 \cdot x^{16} \cdot x^{32} \cdot x^{64} \cdot x^{128}$$

只需要做 14 次乘法运算即可。

计算多项式

$$P_n(x) = a_n x^n + a_{n-1} x^{n-1} + \cdots + a_1 x + a_0$$

的值时，若直接计算 $a_k x^k$ 再逐项相加，一共需要做 $\dfrac{n(n+1)}{2}$ 次乘法和 n 次加法。

若采用秦九韶算法

$$\begin{cases} S_n = a_n \\ S_k = xS_{k+1} + a_k(k = n-1, n-2, \cdots, 0) \\ P_n(x) = S_0 \end{cases}$$

则只要 n 次乘法和 n 次加法就可以计算出 $P_n(x)$ 的值。

习 题 1

1. 画出采用秦九韶算法计算下面多项式的算法框图。
$$P_n(x) = a_n x^n + a_{n-1} x^{n-1} + \cdots + a_1 x + a_0$$

2. 近似数的有效数字与绝对误差和相对误差有何关系？

3. $\pi = 3.1415926\cdots$，按有效数字的定义，近似值 $\pi^* = 3.14$ 的有效数字判断标准为：$|\pi - \pi^*| \leqslant 0.005$，有效数字为 3 位。若 $\pi' = 3.1475926\cdots$，其具有三位有效数字的近似值是多少？采用有效数字定义进行证明。

4. 设 x 的相对误差为 2%，求 x^n 的相对误差。

第2章 MATLAB 程序设计基础

本书选用 MATLAB 软件作为计算和编程工具，获得算法和相应程序框图的计算结果。本章简要概述 MATLAB 软件的相关信息、工作环境，重点介绍 MATLAB 的语言基础、MATLAB 中内置函数的调用和绘图等功能。

2.1 MATLAB 概述

2.1.1 MATLAB 软件介绍

MATLAB 是 matrix laboratory（矩阵实验室）的缩写，是一款由美国 MathWorks 公司开发的商业数学软件。MATLAB 可用于算法开发、数据可视化、数据分析及数值计算。MATLAB 的基本数据单位是矩阵，它的指令表达式与数学、工程中常用的形式十分相似。MATLAB 的应用范围非常广，包括信号和图像处理、通信、控制系统设计、测试和测量、财务建模和分析、化学化工及计算生物学等众多应用领域。附加的工具箱，即单独提供的专用 MATLAB 函数集，扩展了 MATLAB 的使用环境，以解决这些应用领域内特定类型的问题。除了矩阵运算、绘制函数和数据图像等常用功能，MATLAB 还可以用来创建用户界面及调用其他语言（包括 C 语言、C++ 语言和 FORTRAN 等）编写的程序。

2.1.2 MATLAB 的主要特点

MATLAB 以其良好的开放性和运行的可靠性，在工程计算等领域得到了广泛应用。

1. 计算功能强大

该软件具有强大的矩阵计算能力，利用一般的符号和函数就可以对矩阵进行加、减、乘、除运算，以及转置和求逆运算，而且可以处理稀疏矩阵等特殊的矩阵，非常适合用于有限元等大型数值计算的编程。此外，该软件现有的数十个工具箱可以解决应用中的大多数数学问题。

2. 易入门

MATLAB 允许用户以数学形式的语言编写程序，用户在命令窗口中输入命令即可直接得到结果。此外，由于 MATLAB 是用 C 语言开发的，它的流程控制语句和 C 语言中的相应语句几乎一致，初学者只要有 C 语言的基础，就能很容易掌握 MATLAB 语言。

3. 绘图方便

在 MATLAB 中，数据的可视化十分简单。此外，MATLAB 还具有较强的编辑图形界面的能力。

4. 功能强大的工具箱

MATLAB 包含两个部分，分别为核心部分和各种可选的工具箱。核心部分有数百个核心内部函数。其工具箱又分为两类，分别为功能性工具箱和学科性工具箱。功能性工具箱主要用来扩充其符号计算功能、图标建模仿真功能、文字处理功能及与硬件实时交互的功能。功能性工具箱可用于多种学科。学科性工具箱的专业性比较强，如 control、signal processing、communication 等，这些工具箱都是由该领域内学术水平很高的专家编写的，所以用户无须编写自己学科范围内的基础程序，而是直接进行高、精、准、尖的研究即可。

除内部函数外，MATLAB 的所有核心文件和工具箱文件都是可读可写的源文件，用户可以通过对源文件的修改及加入自己的文件构成新的工具箱。

5. 可扩展性强

可扩展性强是该软件的另一大优点，用户可以自己编写 MATLAB 文件，组成自己的工具箱，方便解决本领域内常见的计算问题。此外，利用 MATLAB 编译器和运行服务器，可以生成独立的可执行程序，从而可以隐藏算法并避免依赖 MATLAB。MATLAB 支持 DDE 和 ActiveX 自动化等机制，可以与同样支持该技术的应用程序进行对接。

6. 支持多种操作系统

MATLAB 支持多种计算机系统，如 Windows 2000/XP/Vista/7/10 及许多不同版本的 UNIX 操作系统。而且，在一种操作系统下编制的程序可以转移到其他的操作系统下继续使用。同样，在一种平台上编写的数据文件可以转移到另外的平台使用。因此，用户编写的 MATLAB 程序可以自由地在不同的平台之间转移，这给用户带来了很大的方便。

7.　可自动选择算法

MATLAB 的许多功能函数都带有算法的自适应能力，它会根据情况自行选择最合适的算法。这样，在使用 MATLAB 时可以在很大程度上避免因算法选择不当而引起的死循环等错误。

8.　与其他软件和语言有良好的对接

MATLAB 与 Maple、FORTRAN、C 语言和 BASIC 之间都可以实现方便的对连，用户只需将已有的 EXE 文件转换成 MEX 文件即可。因此，MATLAB 除自身已有十分强大的功能之外，它还可以与其他程序和软件实现很好的对接，这样可以最大限度地利用各种资源的优势，从而使 MATLAB 编制的程序能够实现最大限度的优化。

9.　帮助功能完善

MATLAB 自带的帮助功能非常强大，用户可以通过帮助文档快速地了解 MATLAB 软件的用法。

10.　社交资源充足

全球 MATLAB 的用户非常多，网上也有许多 MATLAB 的相关讨论论坛，许多用户还将自己编写的经典程序上传到互联网上以供参考学习，给初学者提供了许多的学习资源和交流讨论的机会。

2.2　MATLAB 工作环境

2.2.1　启动 MATLAB

当 MATLAB 安装完毕并首次启动时，展现在屏幕上的界面为 MATLAB 的默认界面，如图 2－1 所示（不同版本会略有不同）。

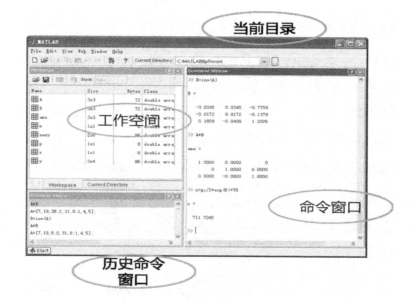

图 2 - 1　MATLAB 界面

 2.2.2　命令窗口与运算

MATLAB 中进行基本运算的方式就是在命令窗口内的提示符号（" ≫ "或"?"）后面输入运算，然后按回车键。MATLAB 中有许多基本操作命令，主要可以分为以下三类。

1.　算术操作符

算术操作符有基本的加、减、乘、除运算符号，即"＋""－""＊""/"，还有其他的，如"^"（乘方）和"\"（左除）等。

2.　关系操作符

关系操作符有" = ="（等于）、"～ ="（不等于）等。

3.　逻辑操作符

常见的逻辑操作符有"&"（逻辑与）、"｜"（逻辑或）、"～"（逻辑非）。

例 2.1　已知矩阵 $A = \begin{pmatrix} 1 & 2 \\ 3 & 4 \end{pmatrix}$，$B = \begin{pmatrix} 5 & 6 \\ 7 & 8 \end{pmatrix}$，计算 AB。

解　在 MATLAB 命令行窗口输入：

$$\gg A = [1,2;3,4];$$
$$\gg B = [5,6;7,8];$$

$$\gg C = A * B$$

按下回车键，很快就会给出运算结果，显示如下：

$$C = 19 \quad 22$$
$$43 \quad 50$$

在例 2.1 中，若不希望 MATLAB 在每次运算后都显示结果，则在运算式后面加上 "；" 即可。另外，如果一次输入的运算式有多个，可以用 "，" 或 "；" 来隔开。

例 2.2　已知 $n = \dfrac{7 \times 3 + 5.5}{10}$, $p = n^5$, 求 p 的值。

解　在 MATLAB 命令行窗口输入

$$\gg n = (7 * 3 + 5.5)/10;$$
$$\gg p = n\verb|^|5$$

按下回车键，很快就会给出运算结果，显示如下：

$$p = 130.6861$$

若是运算式太长，则可以用三个句点 "…" 隔开，延伸到下一行，如

$$\gg (7 * 3 + 5.5)/10 * \ldots$$
$$50\verb|^|5$$
$$ans = 828125000$$

在运算式中，可以在 "%" 符号后加入文字，当作运算式的注解，运用在 MATLAB 程序的撰写中可以提高可读性，如

$$\gg m = (7 * 3 + 5.5)/10 \quad \% \text{ 将运算结果存储在变量 m 中}$$
$$m = 2.6500$$

在 MATLAB 的命令窗口中，还可以通过 MATLAB 内置的函数执行一般的数学运算，如

$$\gg y = \sin(50) * \exp(-0.9 * 2\verb|^|3)$$
$$y = -1.9589e - 004$$

MATLAB 中有许多命令，熟练地掌握这些命令很有必要。表 2 - 1 整理了一些常用的命令。

表 2 - 1　MATLAB 常用命令

命令	作用	命令	作用
exit	退出 MATLAB	help	获得帮助信息
clear	清除工作空间中的变量	clc	清除显示的内容
demo	获得 demo 演示帮助信息	edit	打开 M 文件编辑器
type	显示指定 M 文件的内容	which	指出其后文件所在的目录
figure	打开图形窗口	md	创建目录
clf	清除图形窗口	cd	设置当前工作目录

续上表

命令	作用	命令	作用
dir	列出指定目录文件	quit	退出 MATLAB
who	显示内存变量	whos	内存变量的详细信息

2.2.3 当前目录与工作空间

在 MATLAB 中，若用鼠标左键单击"当前目录"浏览器右上角的向上小箭头，则"当前目录"浏览器会从 MATLAB 界面中脱离出来。在"当前目录"浏览器中，有菜单栏、当前目录路径、路径设置区，以及该目录下的 M 文件或数据文件等。如果将鼠标放到 M 文件上单击鼠标右键，还可以弹出快捷菜单，可对文件完成一般的操作，如打开、删除等。

在程序设计时，如果不特别指明存放数据和文件的路径，MATLAB 会默认把它们放在当前目录下。虽然"MATLAB/work"目录允许用户存放文件，但用户最好把用户目录设置成当前工作目录。鼠标左键单击"工作空间"浏览器，也可以使浏览器界面脱离 MATLAB 界面。在"工作空间"浏览器中可以看到各内存变量，用鼠标激活这些变量能够方便快捷地实现对数据的操作。

2.2.4 MATLAB 工具箱

MATLAB 工具箱非常有特色，这也是它吸引很多工程人员的原因之一。相对传统的研究领域如控制理论、信号处理都有自己的工具箱，而比较新的国际上的一些近二三十年的数学研究进展在 MATLAB 中也有体现，如小波分析、神经网络、鲁棒控制都有工具箱。下面介绍几个最常用的工具箱类型。

1. 符号计算工具箱

符号计算工具箱主要有微积分、线性代数、化简计算、解方程、特殊函数、可变精度计算和积分变换等运算工具。

2. 统计工具箱

从最基本的随机数的产生，到曲线拟合、统计实验设计，统计工具箱都有相应部分可以处理。该工具箱主要提供两方面的工具，即概率与统计的建模模块和图形与交互工具。概率与统计的建模模块主要以 M 文件保存在计算机中，供用户调用。用户可以查看这些文件的代码，还可以修改这些代码，重命名甚至添加自己的 M 文件。图形与交互工具通过图形用户界面（graphical user interface，GUI）方法，提供了许多交互工具，可以进行预测、插值等。

3．最优化工具箱

最优化工具箱是一系列函数的集合，可以拓展数值计算。最优化工具箱主要处理一些最优化问题，如无约束非线性最优化问题、约束非线性最优化问题、线性规划、非线性最小二乘与曲线拟合、非线性系统的方程求解等。最优化工具箱的所有函数以 M 文件保存，用户可以查看、编辑 M 文件，也可以编写自己的函数文件。

2.3　MATLAB 图形功能

MATLAB 能够根据存储在向量或矩阵中的数据画出图形，可以通过计算解析函数或读取文件得到这些数据。基本的画线函数可用于在一个绘图区域创建一条曲线 $y = f(x)$ 或多条曲线 $y_1 = f(x_1)$，$y_2 = f(x_2)$ 等。$z = f(x,y)$ 形式的二维数据能够用轮廓线和表面图表示。三维对象（如椅子、桌子、齿轮和人等）可以用几个阴影表面图来表示，且每种图形都能做成动画形式。

2.3.1　二维图形

最基本的二维曲线图可以用 plot 函数实现，其基本调用格式为"plot(x,y)"，如画出一条余弦曲线：

$$\gg x = linspace(0,2*pi,50);$$
$$y = \cos(x);$$
$$plot(x,y);$$

运行程序，可得图 2 - 2。

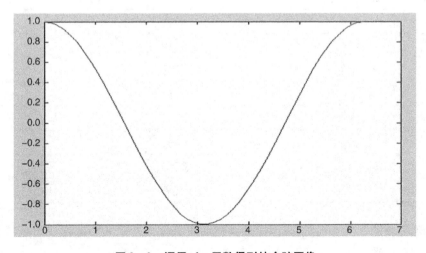

图 2 - 2　调用 plot 函数得到的余弦图像

除此之外，调用 plot 函数还可以同时绘制多条曲线，如将正弦曲线与余弦曲线绘制在同一图中：

$$\gg x = linspace(0, 2*pi, 50);$$
$$plot(x, sin(x), x, cos(x));$$

运行程序，可得图 2 - 3。

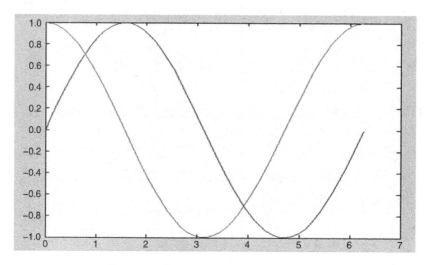

图 2 - 3　调用 plot 函数同时绘制多条曲线

调用 plot 函数绘制图形时还能允许用户改变曲线颜色及图形样式，可以选择的颜色及图形样式见表 2 - 2。

表 2 - 2　MATLAB 中 plot 函数使用的指定的颜色、符号和线型

代码	颜色	代码	符号	代码	线型
y	黄色	.	点	−	实线
m	洋红	o	空心圆	:	点线
c	青色	x	x 标记	−.	点画线
r	红色	+	加号	− −	虚线
g	绿色	*	星号		
b	蓝色	s	正方形		
w	白色	d	菱形		
k	黑色	v	下三角		

例如，将图 2 - 3 中的正弦曲线与余弦曲线分别以不同的图形样式表示，即正弦曲线以红色点图表示，余弦曲线以黑色点画线表示：

$$\gg x = linspace(0,2*pi,50);$$
$$plot(x,sin(x),'r.',x,cos(x)),'k-.')$$

运行程序，可得图 2-4。

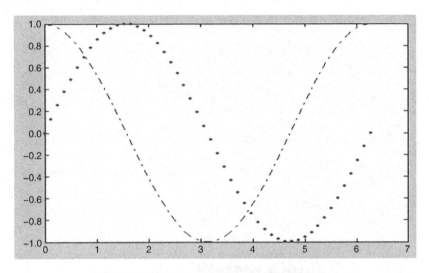

图 2-4　调用 plot 函数绘制不同样式的曲线

MATLAB 除了在命令窗口提供 plot 函数绘制折线图，还提供多种其他类型的二维图形函数，用户可以根据自己的需求调用不同的函数，具体见表 2-3。

表 2-3　其他类型的二维图形函数及功能

函数	功能	函数	功能
bar	长条图	roe	极坐标累计图
fplot	精确函数图形	stairs	阶梯图
polar	极坐标图	fill	实心图
hist	累计图		

2.3.2　三维图形

带两个独立变量的标量函数 $z = f(x,y)$ 定义了三维空间的一个表面，用图形描述这个表面有很多种方法。函数 mesh、meshc、surf、surfc、surfl 分别用于创建不同外观的表面图。函数 mesh 和 meshc 用于绘制网状图，函数 surf、surfc 和 surfl 可使表面表示为根据不同亮度和阴影着色的小平面的集合。函数 meshc 和 surfc 结合使用可以绘制在所画表面图的下部附加 $z = c$（c 为常数）的轮廓图。

MATLAB 中的三维空间绘图基本函数为 mesh、plot3，其中，mesh 可以绘制出立

体网状图，而 plot3 可以绘制出立体曲线图，所绘制出的图形会以不同的颜色代表不同高度。

例 2.3 画出 $z = \dfrac{\sin\sqrt{x^2 + y^2}}{\sqrt{x^2 + y^2}}$ 所表示的三维表面，其中 x 和 y 的取值范围是 $[-8, 8]$。

解 根据题干中提供的信息在 MATLAB 中进行如下编程：

```
>> clear all;
x = -8:0.5:8;
y = x;
X = ones(size(y)) * x;
Y = y * ones(size(x));
R = sqrt(X.^2 + Y.^2) + eps;
Z = sin(R)./R;
mesh(X,Y,Z);
colormap(hot)
xlabel('x'),ylabel('y'),zlabel('z')
```

运行程序，可得图 2 - 5。

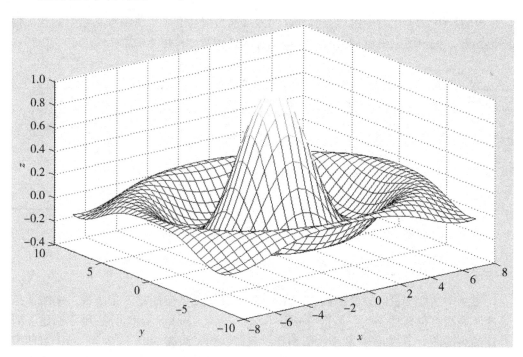

图 2 - 5　$z = \dfrac{\sin\sqrt{x^2 + y^2}}{\sqrt{x^2 + y^2}}$ 的三维表面

2.4　MATLAB 语言基础

2.4.1　变量、数组、数据类型与函数

1. 变量及作用域

变量，即一个值（字符串、数值）指定的名称。当一个值存在于内存时，不可能直接从内存中访问该值，只能通过其名称来访问其值。变量，顾名思义，是要变化的，即在程序运行中它的值可能发生改变。MATLAB 不需要事先声明变量，也不需要任何维数语句声明数组。当 MATLAB 遇到一个新变量名时，会自动建立变量并分配适当的存储空间。

根据变量作用域（有效范围）的不同，可以将变量分为局部变量和全局变量。在默认的情况下，函数内的变量属于局部变量，它只在函数内有效，而在该函数外不可用。全局变量对于整个程序的所有过程（或函数）都有效，全局变量可用 global 关键字定义。

2. MATLAB 数组、向量和矩阵

MATLAB 数组（array）是 MATLAB 语言唯一能够处理的对象类型，MATLAB 所有类型的变量，包括标量（scalar）、向量（vector）、矩阵（matrix）、字符串（string）、单元数组（cell array）、结构体（structure）和对象（object）等，都以 MATLAB 数组方式存储。

标量是由单一的值表示的物理量，向量通常是由标量的一组有序集合表示的量，数组是元素的一维或多维的排列。数组包括一维数组 $x(i)$、二维数组 $x(i,j)$ 和多维数组 $x(i,j,k,\cdots)$。矩阵通常指矩形数组，即二维数组。简言之，一个标量可认为是一个 1×1 矩阵或者仅有一个元素的数组；一个向量是一个 $1\times n$（或 $n\times1$）矩阵，即一维数组；一个矩阵就是一个二维数组。维数大于 2 的 MATLAB 数组称为多维数组，其数据存储方式与矩阵相同。任何非负数的数值数组或稀疏数组可以是逻辑数组，其存储方式与非逻辑数组相同。任何类型的 MATLAB 数组可以是空数组，空数组至少有一维为零。

矩阵和数组的区别：①矩阵是数学上的概念，而数组是计算机程序设计领域的概念。②作为一种变换或映射算法的体现，矩阵运算有着明确且严格的数学规则；而数组运算是由 MATLAB 软件定义的规则，其目的是使数据管理方便、操作简单、命令形式自然、执行计算有效。两者之间的联系主要体现在：在 MATLAB 中，矩阵以数组的形式存在。因此，一维数组相当于向量，二维数组相当于矩阵，即矩阵是数组的子集。

向量、矩阵的操作：由于矩阵使用最为广泛，MATLAB 的基本实体是矩阵。用中括号可以引入一个矩阵，其中，一行中的元素用空格或逗号隔开，而行之间用分号（；）或回车（换行）分开，如

$$\gg t = [1\ 3\ 5;2,4,6]$$

3. 数据类型

MATLAB 中的数据类型主要包括数值类型、逻辑类型、字符串、函数句柄、结构体和单元数组类型。这六种基本的数据类型都是按照数组形式存储和操作的。另外，MATLAB 中还有两种用于高级交叉编程的数据类型，分别是用户自定义的面向对象的用户类型和 Java 类型。

4. 函数

函数和命令都在命令窗口中输入。函数有输入变量和输出变量，如

$$\gg y = \sin(pi/6)$$

正弦函数的输入变量是 $\pi/6$，输出变量是 y。而命令的使用，如 help 命令，可以获得函数的帮助信息，命令和变量之间用空格隔开，即

$$\gg help\ sin$$

总之，命令是对 MATLAB 本次交互的操作，而函数是对 MATLAB 中变量的操作。学习 MATLAB 主要是学习函数的使用，一些常用的函数见表 2 - 4 和表 2 - 5。

表 2 - 4　MATLAB 常用的基本函数

函数	功能	函数	功能
sqrt(x)	求 x 的平方根	sign(x)	符号函数
real(z)	求复数 z 的实部	rem(x,y)	求 x 除以 y 的余数
image(z)	求复数 z 的虚部	gcd(x,y)	整数 x 和 y 的最大公因数
conj(z)	求复数 z 的共轭复数	lcm(x,y)	整数 x 和 y 的最小公倍数
round(x)	求四舍五入后的最接近整数	exp(x)	自然指数（以 e 为底的指数）
fix(x)	舍去小数求对应于 x 的整数	pow2(x)	2 的指数
floor(x)	求不大于 x 中所有数的最大整数	log(x)	自然对数（以 e 为底的对数）
ceil(x)	求不小于 x 中所有数的最小整数	log2(x)	以 2 为底的对数
rat(x)	将实数 x 化为分数表示	log10(x)	以 10 为底的对数
rats(x)	将实数 x 化为多项分数展开		

表 2 - 5　MATLAB 常用的三角函数

函数	功能	函数	功能
sin(x)	正弦函数	sinh(x)	双曲正弦函数
cos(x)	余弦函数	cosh(x)	双曲余弦函数
tan(x)	正切函数	tanh(x)	双曲正切函数
asin(x)	反正弦函数	asinh(x)	反双曲正弦函数
acos(x)	反余弦函数	acosh(x)	反双曲余弦函数
atan(x)	反正切函数	atanh(x)	反双曲正切函数

2.4.2　MATLAB 控制流

MATLAB 平台上的控制流结构包括顺序结构、if-else-end 分支结构、switch-case 结构、try-catch 结构、for 循环结构和 while 结构。这六种结构的算法及使用与其他计算机编程语言十分类似。

1. 顺序结构

顺序结构是 MATLAB 程序中最基本的结构，表示程序中的各个操作是按照它们出现的先后顺序执行的。顺序结构可以独立使用构成一个简单的完整程序，常见的输入、计算、输出三步程序就是顺序结构。在大多数情况下，顺序结构作为程序的一部分，与其他结构一起构成一个复杂的程序，如分支结构中的复合语句、循环结构中的循环体等。最简单的顺序结构有数据的输入、数据的计算或处理、数据的输出等内容。

例如，调用 input 函数从键盘输入一个矩阵：

$$A = input('请输入一个有效数字：')$$

选择 MATLAB 提供的命令窗口中的输出函数 disp 函数或 fprintf 函数输出字符串或矩阵：

$$\gg A = '欢迎您！';$$
$$\gg disp(A)$$

2. 循环结构

MATLAB 的循环结构由 for 语句和 while 语句实现，两种语句在应用时各有侧重，for 语句用于已知循环次数的循环，while 语句用于未知循环次数的循环。循环结构的作用是在满足条件的情况下重复执行结构体。

（1）for 循环。for 循环用于指定次数的循环，其一般形式为

$$\text{for variable} = \text{start:inc:end}$$
$$\text{statement}$$
$$\cdots$$
$$\text{statement}$$
$$\text{end}$$

start:inc:end 之间使用冒号（:），增量 inc 在中间，缺省值为 1。

例 2.4 利用 for 循环求解表达式 $\sum_{n=1}^{29} n!$ 的值。

```
≫% 利用循环语句进行嵌套循环
clear all;
s = 0;                      % 定义总和变量 s，并置零
for n = 1: 29               % 进入第一次循环，变量 n 取 1 ~ 29
  p = 1;                    % 定义单个数阶乘变量 p，并置 1
  for m = 1: n             % 进入第二次循环，变量 m 取 1 ~ n
    p = p * m;             % 计算单个数的阶乘
  end
  s = s + p;               % 计算 30 个数的阶乘总和
end
disp（s）                  % 显示总和变量 s 的值
```

运行程序，输出如下：

$$9.1580\mathrm{e} + 30$$

（2）while 循环。while 循环用于已知循环退出条件的情况，其调用格式为

$$\text{while expression}$$
$$\text{statements}$$
$$\text{end}$$

当表达式 expression 的结果为"真"时，就执行循环语句，直到表达式 expression 的结果为"假"，退出循环。如果表达式 expression 为一个数组 A，则相当于判断 all(A)。特别地，空数组则被当作逻辑假，循环不执行。

例 2.5 求不超过 10000 的偶数之和与奇数之和。

解
```
≫clear all;
m = 0;                          % 定义偶数和，并置零
n = 0;                          % 定义奇数和，并置零
i = 1;
while i  < 10000
    if mod（i,2） = =0
        m = m + i;
```

```
    else
        n = n + i;
    end
    i = i + 1;
end
m
n
```

运行程序，输出如下：

$$m = 24995000$$
$$n = 25000000$$

如果一个循环结构的循环体内还包含有循环结构，就称为循环的嵌套或多重循环结构。多重循环的嵌套层数可以是任意的，但要特别注意内、外循环之间的关系。例如，对任意 10 个数进行从小到大的排列，程序如下：

```
a = input('a = ');
for i = 1:9
    for j = i + 1:10
        if a(i) > a(j)
            a(i) = a(i) + a(j);
            a(j) = a(i) - a(j);
            a(i) = a(i) - a(j);
        end
    end
end
disp(a)
```

3. 选择结构

MATLAB 选择结构包括 if 语句、switch 语句和 try 语句。大部分的程序中都会包括选择结构，选择结构的作用是判断指定的条件是否满足，决定程序的流程走向。

1) if 选择结构。

if 选择结构的表达式为逻辑表达式，只能构造两个分支。

(1) if 选择结构的一般形式为：

```
if 逻辑表达式 1
    语句 1
elseif 逻辑表达式 2
    语句 2
else
    语句 3
```

计算逻辑表达式，根据表达式的值确定是否执行一组语句。

逻辑表达式 1 的值为真，执行语句 1；否则，对逻辑表达式 2 进行判断，若为真，则执行语句 2，反之执行语句 3。

（2）if 选择结构的最简单形式为：

if 逻辑表达式

　　语句

end

在这个基础上，可以增加几个或者一个 elseif，但只能增加一个 else。if 语句可以嵌套多层，可以嵌套在 if、elseif 或 else 语句的下面。

例 2.6　判断随机输入的一个年份是否为闰年。

解　≫clear all；

a = input（'输入一个年份：'）；

if mod（a,4）～ = 0　　　% 如果年份不能被 4 整除，这不是闰年

　　leap = 0；

elseif mod（a,100）～ = 0　　% 如果年份可以被 4 整除，且不能被 100 整除，这是闰年

　　leap = 1；

elseif mod（a,400） = = 0　　% 如果年份可以被 400 整除，这是闰年

　　leap = 1；

else leap = 0；

end

if leap = = 1

　　disp（stract（num2str（a），'是闰年！！！'））

else

　　disp（stract（num2str（a），'不是闰年！！！'））

end

运行程序，输出如下：

　　　　　　　　　　　输入一个年份：2014

　　　　　　　　　　　2014 不是闰年！！！

2）switch 选择结构。

switch 可以构造两个以上的分支。程序可以有多个走向，但每次仅能选择一个走向。

与 if 语句不同的是，表达式（switch_expr 与 case_expr）是数值或字符串表达式。通过比较 switch_expr 与 case_expr 表达式的值是否相等来确定执行哪一组语句。

（1）switch 选择结构的一般形式为：

switch switch_expr

　　case case_expr

```
    statement, …, statement
  case{ case_expr1, case_expr2, case_expr3, …}
    statement, …, statement
  otherwise
    statement, …, statement
end
```

依据 switch 中变量或表达式的值，执行不同的语句。对于数值表达式，比较表达式与 case 表达式的值；对于字符串表达式，比较表达式与 case 字符串的值。

（2）switch 能处理单个 case 中的多个条件，但是多个条件要放在单元数组中，如：

```
switch var
  case 1
      disp('1')
  case{2,3,4}
      disp('2 or 3 or 4')
  case 5
      disp('5')
  otherwise
      disp('something else')
end
```

例 2.7　用学生的成绩管理来演示 switch 结构的应用，划分区域为：满分（100 分）、优秀（90～99 分）、良好（80～89 分）、及格（60～79 分）、不及格（低于 60 分）。

解　≫ clear all;

```
for i = 1 : 10
  a{i} = 89 + i;
  b{i} = 79 + i;
  c{i} = 69 + i;
  d{i} = 59 + i;
end
c = [d, c];
Name = {'Zhang', 'Lin', 'Huang', 'Chen', 'Xu'};        %元胞数组
Score = {78,92,89,40,100};
Rank = cell(1,5);
S = struct('Name', Name, 'Score', Score, 'Rank', Rank);    %创建一个含有五个
元素的结构体数组 S，它有三个域：Name、Score、Rank
  %根据学生的分数，求出相应的等级
```

```
for i = 1 : 5
    switch S(i). Score
        case 100
            S(i). Rank = '满分';
        case a
            S(i). Rank = '优秀';
        case b
            S(i). Rank = '良好';
        case c
            S(i). Rank = '及格';
        otherwise
            S(i). Rank = '不及格';
    end
end
disp(['学生姓名    ','得分     ','等级    ']);% 将学生姓名、得分、等级
```
等信息打印出来
```
for i = 1 : 5
    disp([S(i). Name, blank(6), num2str(S(i). Score), blank(6), S(i). Rank]);
end
```
运行程序，输出如下：

学生姓名	得分	等级
Zhang	78	及格
Lin	92	优秀
Huang	89	良好
Chen	40	不及格
Xu	100	满分

3）try 选择结构。

在程序设计中，有时候会遇到不能确定某段代码是否会出现运行错误的情况。这时候可以用错误控制结构。MATLAB 提供了 try-catch 结构用来捕获和处理错误。其调用格式为：

```
try
    statements
catch exceptions
    statements
end
```

程序运行时，首先尝试执行 try 语句后面的代码段，若 try 和 catch 之间的代码执行没有错误发生，则程序通过，不执行 catch 和 end 之间的部分，而是继续执行 end

后面的代码。若 try 和 catch 之间的代码执行发生错误，则立刻转而执行 catch 和 end 之间的部分，然后才继续执行 end 后的代码。此外，MATLAB 提供了 lasterr 函数，可以获得出错的原因。

4．程序流程控制

MATLAB 除了上述介绍的三种结构语句，还有一些可以影响程序的流程语句，称为程序流程控制语句。

break 命令可以使包含 break 的最内层的 for 语句或 while 语句强制终止，并立即跳出该结构，执行 end 后面的语句。break 命令一般与 if 结构结合使用。

return 命令用来终止当前命令的执行，并且立即返回上一级调用函数或等待键盘输入命令，可以用来提前结束程序的运行。

continue 命令在 for 循环或 while 循环中用于直接跳到下一个循环的执行。在嵌套式循环中，continue 控制的是与自己最近的一个 for 循环或 while 循环。

pause 为暂停命令，若调用格式为 pause，则暂停程序运行，按任意键继续；若调用格式为 pause(n)，则程序暂停运行 n s 后继续；若调用格式为 pause on/off，则允许或禁止其后的程序暂停。

例2.8　求解经典的鸡兔同笼问题，在笼子里有头 38 个，脚 108 只，求鸡兔各多少只。

解　≫ clear all；
i = 1；
while i ＞ 0
　if　rem(108 - i * 2,4) = = 0&(i + (108 - i * 2)/4) = = 38；
　　break；
　end
　i = i + 1；
　n1 = i；
　n2 = (108 - i * 2)/4；
end
fprintf('鸡的个数为 % d. \ n',n1)；
fprintf('兔子的个数为 % d. \ n',n2)；
运行程序，输出如下：

　　　　　　　鸡的个数为 22
　　　　　　　兔子的个数为 16

2.4.3　M 文件

MATLAB 作为一种高级程序设计语言，除了提供一个交互式的计算机环境，还

提供了强大的计算机程序语言，用 MATLAB 语言编写的程序以.m 扩展名存为 M 文件。用户可以用 MATLAB 命令窗口操作，每次输入一条命令；也可以写一系列命令到一个 M 文件中，应用 MATLAB 自带的文件编译器创建函数条件，可以像调用 MATLAB 自带工具箱内的函数一样调用该文件。

1. M 文件的分类

MATLAB 中的 M 文件分为两种，一种是脚本文件，另一种是函数文件。脚本文件不接受输入参数，也不返回输出参数，文件执行过程中产生的所有变量都存储在工作空间中。函数文件可以接受输入参数，也可以有返回值，文件执行过程中产生的局部变量在文件执行完毕后自动释放，不保存在工作空间中。

例 2.9　编写 M 脚本文件，绘制不同线条。

解　≫clear all;

x = linspace(0,2 ∗pi,50);

plot(x,sin(x),x,cos(x));

运行程序，效果如图 2 - 6 所示。

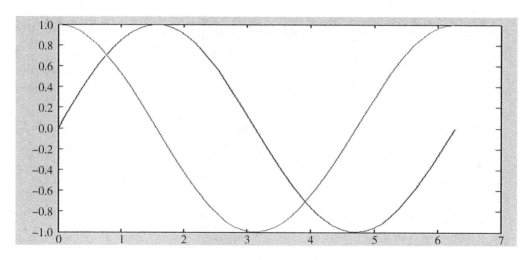

图 2 - 6　M 脚本文件绘制的不同线条

2. M 文件的结构

举一个简单的 M 文件的例子，该函数用于求向量或数组的平均数，代码为：

```
function y = average(x)
    % 计算向量元素的平均值
    % average (x)为一个向量 x 元素的平均值
    % 如果没有输入向量,程序会报错
[m,n] = size(x);
```

```
if(~((m = =1|(n = =1))|(m = =1&n = =1))
```

   error('please input a vetor');

```
end
```

y = sum(x)/length(x);   %计算

这个例子包含典型的 M 文件的各个部分，即函数定义行、H1 行、函数帮助文本、函数体及注释。

（1）函数定义行。函数定义行定义了函数的名称。函数首行以关键字 function 开头，并在首行中列出全部输入、输出参数及函数名。函数名置于等号右侧，虽没做特殊要求，但一般函数名与对应的 M 文件名相同。输出参数紧跟在 function 之后，常用方括号括起来（若仅有一个输出参数则不需要方括号）；输入参数紧跟在函数名之后，用圆括号括起来。如果函数有多个输入或输出参数，输入变量之间用逗号分隔，返回变量用逗号或空格分隔。

（2）H1 行。H1 行是函数帮助文本的第一行，以%开头，用来说明该函数的功能。在 MATLAB 中，用命令 lookfor 查找某个函数时，查找到的就是函数 H1 行及其相关信息。

（3）函数帮助文本。在 H1 行之后和函数体之前的说明文本就是函数的帮助文本。它可以有多行，每行均以%开头，用于比较详细地对该函数进行注释，说明函数的功能与用法、函数的开发与修改的日期等。

（4）函数体和注释。函数体是函数的主要部分，是实现该函数功能、进行运算的所有程序代码的执行语句。函数体中除了进行运算，还包括函数调用与程序调用的必要注释。注释语句端每行用%引导，%后的内容不执行，只起注释作用。

函数定义行和函数体是必不可少的部分，是直接关系运算的"实用"行，而以%开头的所有声明、帮助和注释行都属于可以缺少的"辅助"行，即缺少了也不影响函数的运行，只是让函数的可读性和交互性大大降低。

3．M 文件的操作

（1）建立新 M 文件。在命令窗中选 File/New/M-file 命令，打开编辑窗口。

（2）保存 M 文件。在文本编辑器中选 File/Save As...命令。

（3）编辑 M 文件。在命令窗口/文本编辑器中选 File/ Open... 命令。

（4）运行 M 文件。在文本编辑器中选 Tools/Run 命令或在命令窗口使用命令行调用，格式为文件名。

习　题　2

读懂下面这个程序，并运行之。

```
function y = funa(a)
a = [1;2;3];
```

```
[m,n] = size(a)
if m = = n&det(a) ~ = 0,k = 1;
else k = 2;
end
switch k
case 1
   for i = 1 : n,ak = a(1 : i,1 : i);
       dak = det(ak);
       y(i) = dak;
   end
case 2
   y = rank(a);
otherwise
   disp('singular matrix')
end
```

第3章 化工计算过程中非线性方程的求解

化工等工程计算中最常见的问题之一就是方程求解，如范德华方程、R-K 方程、维里方程，以及泡点方程、露点方程、化学反应计算等。求解这些方程实质上都可归结为非线性方程求根。本章主要讨论非线性方程 $f(x)=0$ 的求根问题，这里 $x \in \mathbf{R}$，$f(x) \in C[a,b]$。方程 $f(x)=0$ 的根 x^* 又称为函数 $f(x)$ 的零点。通常对特殊形式的非线性方程有特殊的求根方案，例如，若 $f(x)$ 是二次函数，则可使用求根公式进行求解。但在许多实际应用中，多数方程没有求根公式，不能直接处理或通过分析得到显式解，即使可以通过分析得到显式解，过程也十分烦琐，且难以从解的表达式中看出解的大小。针对这些情况，通常采取数值求解的方法。

本章主要介绍几种最常用于求解非线性方程的方法，如二分法、迭代法、牛顿法及弦截法，重点阐述了几种方法的原理与几何意义，并结合 MATLAB 程序说明了它们在化工计算中的应用，最后简单介绍了如何调用 fzero( ) 函数及 fsolve( ) 函数求解单变量及多变量非线性方程组。

3.1 二　分　法

非线性方程的求根通常分为三个步骤：一是根的判断，即有没有根和有几个根的问题；二是根的搜索，即找出有根区间，把每个根隔离开来，这个步骤实际上是获得各根的初始近似；三是根的精确化，即根据某种方法将根逐步精确化，直到满足预先设定的精度为止。针对前两个步骤，除了运用微积分的相关知识进行理论推导，常用的方法就是逐次搜索法或增量搜索法：从某一点 x_0 开始，以适当的步长 h 搜索，考虑函数值 $f(x)$ 在点 $x_i = x_0 + ih(i = 1, 2, \cdots)$ 上的正负号，当 $f(x)$ 连续且 $f(x_{i-1})f(x_i) < 0$ 时，区间 $[x_{i-1}, x_i]$ 为有根区间，只要 h 充分小，根的估计值就会变得越来越精确。

3.1.1　二分法求根

设函数 $f(x) \in C[a,b]$，且有 $f(a)f(b) < 0$，则由连续函数的介值定理可知，$f(x)$ 在 (a,b) 内必有零点，即 $[a,b]$ 为方程 $f(x)=0$ 的有根区间。下面考虑如何

逐步精确地找到根，不妨设 $f(a) < 0$，$f(b) > 0$。取 $x_0 = \dfrac{a+b}{2}$，若 $f(x_0) = 0$，则 $x = x_0$ 就是方程的解。否则，若 $f(x_0) < 0$，取 $a_1 = x_0$，$b_1 = b$；若 $f(x_0) > 0$，取 $a_1 = a$，$b_1 = x_0$，则有

$$[a_1, b_1] \subset [a, b], \quad b_1 - a_1 = \frac{b-a}{2}$$

且 $f(x)$ 在 $[a_1, b_1]$ 上连续，满足 $f(a_1)f(b_1) < 0$，如图 3-1 所示。重复上述过程又可得到区间 $[a_2, b_2]$，满足 $[a_2, b_2] \subset [a_1, b_1]$，$b_2 - a_2 = \dfrac{b_1 - a_1}{2}$，且 $f(a_2)f(b_2) < 0$。

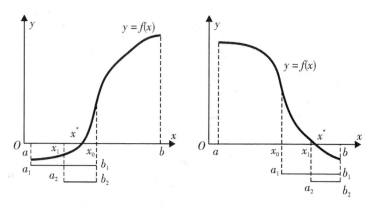

图 3-1　二分法示意

如此继续下去，得到一个含根的区间套

$$[a, b] \supset [a_1, b_1] \supset [a_2, b_2] \supset \cdots [a_n, b_n] \supset \cdots$$

满足

$$f(a_n)f(b_n) < 0, \quad b_n - a_n = \frac{b-a}{2^n}$$

因而 $[a_n, b_n](n = 1, 2, \cdots)$ 均为方程 $f(x) = 0$ 的有根区间。由区间套定理，存在 $x^* \in [a, b]$，使

$$\lim_{n \to \infty} a_n = \lim_{n \to \infty} b_n = x^*$$

且 $x = x^*$ 是方程的根。若取 $x_n = \dfrac{a_n + b_n}{2}$ 作为根 x^* 的近似值，则误差为

$$|x^* - x_n| \leqslant \frac{b_n - a_n}{2} = \frac{b-a}{2^{n+1}} \tag{3-1}$$

上述求方程 $f(x) = 0$ 的近似解的方法称为二分法，也称为二元截断法、区间等分法或 Bolzano 法，是一种增量搜索方法。式(3-1) 表明，只要 $f(x)$ 连续，二分法总是收敛的。式(3-1) 不仅可以估计二分法近似解的误差，而且可以由给定的误差事先估计需要二分的次数。设要求近似解的误差不超过 ε，则由式(3-1)

$$|x^* - x_n| \leqslant \frac{b-a}{2^{n+1}} \leqslant \varepsilon$$

可得

$$2^{n+1} \geqslant \frac{b-a}{\varepsilon}$$

从而有

$$n \geqslant \frac{\ln(b-a) - \ln\varepsilon}{\ln 2} - 1$$

当然，以此作为判断依据非常复杂，常采用的迭代停止准则为 $|x_{k-1} - x_k| \leqslant \varepsilon$ 或者 $|f(x_k)| \leqslant \varepsilon$，抑或两者结合使用，因为对如图 3-2 所示的函数而言没有前者。

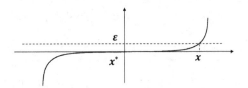

图 3-2 停止准则示意

用二分法求根，最好先画出 $f(x)$ 草图，以确定根的大概位置。或用搜索程序，将 $[a,b]$ 分为若干小区间，对每一个满足 $f(a_k)f(b_k) < 0$ 的区间调用二分法程序，可以找出区间 $[a,b]$ 内的多个根，且不必要求 $f(a)f(b) < 0$。

例3.1 求方程 $x^3 - x - 1 = 0$ 在区间 $[1.0, 1.5]$ 内的一个实根，要求精确到小数点后的第二位。

解 令 $f(x) = x^3 - x - 1$。这里 $a = 1.0$，$b = 1.5$，$f(a) < 0$，$f(b) > 0$。取 $[a,b]$ 的中点 $x_0 = 1.25$，将区间二等分，由于 $f(x_0) < 0$，即 $f(x_0)$ 与 $f(a)$ 同号，故所求的根 x^* 必在 x_0 的右侧，这时应令 $a_1 = x_0 = 1.25$，$b_1 = b = 1.5$，从而得到新的有根区间 $[a_1, b_1]$。

如此反复二分下去，二分过程不再赘述。现在预估所要二分的次数，按误差估计式(3-1)，只要二分6次，便能达到预定的精度，即 $|x^* - x_6| \leqslant 0.005$。

二分法的计算结果见表 3-1。

表 3-1 例 3.1 的计算结果

k	a_k	b_k	x_k	$f(x_k)$ 的符号
0	1.0	1.5	1.25	−
1	1.25	—	1.375	+
2	—	1.375	1.3125	−
3	1.3125	—	1.3438	+

续上表

k	a_k	b_k	x_k	$f(x_k)$ 的符号
4	—	1.3438	1.3281	+
5	—	1.3281	1.3203	−
6	1.3203	—	1.3242	−

 ### 3.1.2 二分法程序框图和计算程序

二分法是计算机上常用的一种算法，下面列出计算步骤：

（1）计算 $f(x)$ 在有根区间 $[a, b]$ 端点处的值 $f(a)$ 和 $f(b)$。

（2）计算 $f(x)$ 在区间中点 $\dfrac{a+b}{2}$ 处的值 $f\left(\dfrac{a+b}{2}\right)$。

（3）若 $f\left(\dfrac{a+b}{2}\right) = 0$，则 $\dfrac{a+b}{2}$ 是根，计算过程结束；否则，若 $f\left(\dfrac{a+b}{2}\right)f(a) < 0$，则以 $\dfrac{a+b}{2}$ 代替 b，反之则以 $\dfrac{a+b}{2}$ 代替 a。

（4）反复执行步骤（2）和步骤（3），直到区间 $[a, b]$ 的长度小于允许误差 ε，此时中点 $\dfrac{a+b}{2}$ 即为所求的近似根。

二分法求实根的算法简单，且对于函数的性质要求不高，仅要求它在有根区间上连续，且区间端点的函数值异号即可。它的缺点是不能求偶数重根，也不能求复根，其收敛速度与以 $\dfrac{1}{2}$ 为公比的等比数列相同，不算太快，因此一般不太单独使用它求方程近似根，常用它来为其他方法求方程近似根提供好的初始值。由二分法算法可以设计得到其程序框图，如图 3-3 所示。

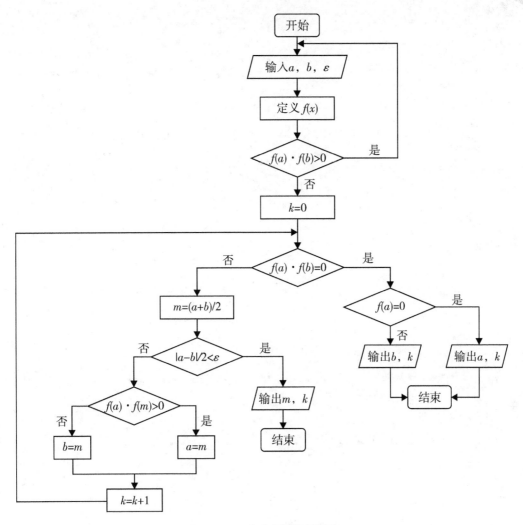

图 3 - 3　二分法程序框图示意

与图 3 - 3 相对应的 MATLAB 计算程序如下：

```
a = input('please input a :');
b = input('please input b :');
e = input('please input e :');  % e 为 ε 的值,即误差限
s = input('please input a function :','s');
f = inline(s);
while f(a) *f(b) >0
    disp(erorr);
end
k =0;
if f(a) *f(b) = =0;
```

```
    if f(a) = =0;
      disp([a,k]);
    else
      disp([b,k]);
    end
  else
    while abs(a - b) > 2 * e;
      m = (a + b)/2;
      y = f(a) * f(m);
      if y > 0;
        a = m;
      else
        b = m;
      end
      k = k + 1;
    end
    if f(a) * f(b) = = 0;
      if f(a) = = 0;
        disp([a,k]);
      else
        disp([b,k]);
      end
    else
      m = (a + b)/2;
      disp([m,k])
    end
  end
end
```

例 3.2 在容积 $V_R = 10 \ \text{m}^3$ 的全混反应器中进行绝热一级不可逆反应。已知数据为：反应热为 $\Delta H = -4780 \ \text{kcal/kmol}$，反应速率常数为 $k = 10^{13} \text{e}^{-12000/T} \ \text{s}^{-1}$，反应物初始浓度为 $c_{A_0} = 5 \ \text{kmol/m}^3$，反应比热容为 $C_P = 0.526 \ \text{kcal/(kg · K)}$，密度为 $\rho = 850 \ \text{kg/m}^3$，进料速率为 $v = 0.01 \ \text{m}^3/\text{s}$。试分别求料液初始温度为 290 K、310 K、360 K 时的各定常态温度和转化率。

解 首先根据化学反应工程和热量衡算及所给数据，列出数学方程式。根据热量衡算，对于绝热反应器，有

$$\text{反应放热速率} = \text{物料温度变化速率}$$

$$\text{反应放热速率} = \text{反应热} \times \text{进料速率} \times \text{转化率}$$

反应放热速率为

$$Q_R = (-\Delta H) F_{A_0} \frac{k\tau}{1 + k\tau} = (-\Delta H) V_R c_{A_0} \frac{k}{1 + k \dfrac{V_R}{v}}$$

物料温度变化速率为

$$Q_G = v C_P \rho (T - T_0)$$

式中：τ——时间常数，$\tau = \dfrac{V_R}{v}$；

　　　x——转化率，$x = \dfrac{k\tau}{1 + k\tau}$；

　　　F_{A_0}——进料速率，$F_{A_0} = v c_0$；

　　　V_R——反应器容积，单位为 m^3。

计算步骤为：①首先求解非线性方程 $F(T) = Q_R - Q_G = 0$，求出各初始温度下的全部定常态温度；②求解各定常态温度下的反应速率常数，然后可以求得各不同温度下的转化率。

解非线性方程求温度时采用二分法，由于反应器存在多重稳态（多个稳定的温度）的情况，计算求解时须采用二分法求多个实根。有根区间 $[a, b]$ 取 $a = t_0$（t_0 为料液初始温度，本题分别为 290 K、310 K、360 K），$b = 400$ K。

参考程序如下：

（1）定义函数。

```
function y = slcs(T)
y = 10^13 * exp(-12000. /T);        % 反应速率常数 k
global H VR c0 t V Cp p T0
y = (-H) * VR * c0 * slcs(T) . /(1 + slcs(T) * t) - V * Cp * p * (T - T0)
% 热量衡算方程
```

（2）主程序。

```
global H VR co t V Cp p T0 Tm       % 定义全局变量
To = input('T0 = ');       % 输入温度区间初始值
H = -4780;       % 反应热
c0 = 5;       % 反应物初始浓度
Cp = 0. 526;       % 反应比热容
p = 850;       % 密度
VR = 10;       % 反应器容积
V = 0. 01;       % 进料速率
t = VR/V;       % 停留时间
Tm = 400;       % 温度区间端点
T = T0:10:Tm;       % 输入初始温度、步长、温度区间端点
y = RLHS(T);
```

```
n = 0；      % 根的个数计数
for i = 1：(length(T) - 1)；
    if y(i) * y(i + 1) < 0；  % 判断小区间内是否有根,有根则进行二分计算
      a = T(i)；b = T(i + 1)；  % 确定有根小区间端点
      fa = RLHS(a)；fb = RLHS(b)；  % 计算区间端点函数值
      c = (a + b)/2；
      fc = RLHS(c)；
      while abs(fc) > 10^(-5)
          if fa * fc > 0
            fa = fc；
            a = c；
          else
            fb = fc；
            b = c；
          end
          c = (a + b)/2
          fc = RLHS(c)；
      end
    c；
    n = n + 1；
    x = slcs(c) * t/(1 + slcs(c) * t)；  % 计算所求得的稳态温度下的转化率
    fprintf(' \ n%s%d \ t%s%.2f%s \ t%s%.3f%s','T0 = ',T0,n,'T = ',c,'
K','Xa = ',x*100,'%')  % 结果输出
    end
    if y(i) * y(i + 1) = = 0；    % 判断区间端点是否为零点
      if y(i) = = 0；   % 区间端点为零点时直接作为根
        m = x(i)；
      else m = x(i + 1)
      end
    end
end
```

计算结果显示如下：

```
T0 = 290   1   T = 290.62K   Xa = 1.154%      % 初始温度为 290 K，找到一个根
T0 = 300   1   T = 303.29K   Xa = 6.152%      % 初始温度为 300 K，找到三个根
T0 = 300   2   T = 323.76K   Xa = 44.455%
T0 = 300   3   T = 349.38K   Xa = 92.379%
T0 = 310   1   T = 362.18K   Xa = 97.6075%    % 初始温度为 310 K，找到一个根
```

计算可知，在讨论的区间内，初始温度为 300 K 时，存在 3 个温度不同的定常态，即存在多重稳态情况；初始温度为 290 K 和 310 K 时，只有 1 个定常态温度。

3.2　简单迭代法及其收敛性

3.2.1　不动点迭代法

设一元函数 f 是连续函数，要解的方程是

$$f(x) = 0 \qquad\qquad (3-2)$$

将其写成等价的形式

$$x = \varphi(x)$$

其中，$\varphi(x)$ 为连续函数，于是 $f(x^*) = 0 \Leftrightarrow x^* = \varphi(x^*)$，$x^*$ 称为 $\varphi(x)$ 的不动点，即求 $f(x)$ 的零点等价于求 $\varphi(x)$ 的一个不动点。

求函数（算子）的不动点，一般采用迭代法。选取初值 x_0，构造迭代公式

$$x_{k+1} = \varphi(x_k), k = 0,1,2,\cdots \qquad\qquad (3-3)$$

$\varphi(x)$ 称为迭代函数，可得一个迭代序列 $\{x_k\}$。若 $\lim\limits_{k\to\infty} x_k = x^*$，则称迭代公式［式 (3-3)］收敛，且 $x^* = \varphi(x^*)$ 为 $\varphi(x)$ 的不动点，故式 (3-3) 表示的方法称为不动点迭代法，也称为简单定点迭代法、单点迭代法或逐次迭代法。

上述迭代法是一种逐次逼近法，其基本思想是将隐式方程［式 (3-2)］归结为一组显式的计算公式［式 (3-3)］，就是说，迭代过程实质上是一个逐步显式化的过程。

例 3.3　求方程 $x^3 - x - 1 = 0$ 在 $x_0 = 1.5$ 附近的根。

解　构造迭代格式。

方法一：将原方程化为与其等价的方程 $x = x^3 - 1$，即采用 $\varphi_1(x) = x^3 - 1$ 为迭代函数，则迭代格式为

$$x_{k+1} = x_k^3 - 1$$

以初值 $x_0 = 1.5$ 代入，迭代 3 次的结果见表 3-2。

表 3-2　例 3.3 方法一的计算结果

k	x_k
0	1.5
1	2.375
2	12.4
3	1903.8

可见，结果越来越大，不能趋于某个定值，称这种不收敛的迭代过程是发散的。

方法二：将原方程 $x^3 - x - 1 = 0$ 改写成 $x = \sqrt[3]{x+1}$。取迭代函数为 $\varphi_2(x) = \sqrt[3]{x+1}$，则迭代公式为

$$x_{k+1} = \sqrt[3]{x_k + 1}$$

取初值 $x_0 = 1.5$ 代入，反复计算得到的结果见表 3 - 3。

表 3 - 3　例 3.3 方法二的计算结果

k	x_k	k	x_k
0	1.5	…	…
1	1.35721	7	1.32472
2	1.33086	8	1.32472
3	1.32588		

可见迭代 8 次，近似解便已稳定在 1.32472 上。

例 3.3 表明，原方程可以转化成多种等价形式，因此有多种迭代格式，有的收敛，有的发散，只有收敛的迭代公式才有意义。为此，必须研究 $\varphi(x)$ 的不动点的存在性及迭代法的收敛性。

3.2.2　不动点的存在性与迭代法的收敛性

先看图 3 - 4，图中 $\varphi(x)$ 在根 x^* 附近的导数值的绝对值有两个大于 1、两个小于 1，四种情况中，收敛与发散各半，请读者自行判断并给出一个初步的猜想。

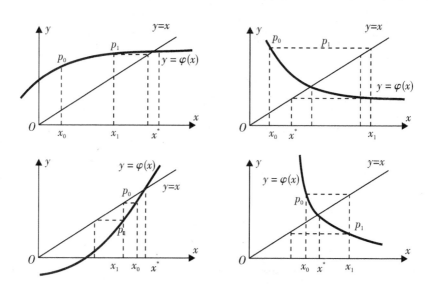

图 3 - 4　迭代法的收敛情况

现在考察 $\varphi(x)$ 在 $[a,b]$ 上不动点的存在唯一性。

定理 3.1　设 $\varphi \in C[a,b]$，若满足

（1）$\varphi(x) \in [a,b]$，$\forall x \in [a,b]$；

（2）存在常数 $L \in (0,1)$，使

$$|\varphi(x) - \varphi(y)| \leqslant L|x - y|, \forall x,y \in [a,b] \qquad (3-4)$$

则 $\varphi(x)$ 在 $[a,b]$ 上存在唯一不动点，且对任意初值 $x_0 \in [a,b]$，由式（3-3）得到的迭代序列 $\{x_k\}$ 收敛到 φ 的不动点 x^*，并有

$$|x^* - x_k| \leqslant \frac{1}{1-L}|x_{k+1} - x_k| \qquad (3-5)$$

$$|x^* - x_k| \leqslant \frac{L^k}{1-L}|x_1 - x_0| \qquad (3-6)$$

证明　先证不动点的存在性。令 $\psi(x) = x - \varphi(x)$，则

$$\psi(a) = a - \varphi(a) \leqslant 0, \ \psi(b) = b - \varphi(b) \geqslant 0$$

若此二式中有一个等号成立，则 a 或 b 就是 φ 的不动点。若二式中不等号严格成立，由连续函数介值定理可知，存在 $x^* \in [a,b]$，使 $\psi(x^*) = 0$，即 $x^* = \varphi(x^*)$，x^* 为 $\varphi(x)$ 的不动点。

再证唯一性。设 x_1^* 和 x_2^* 都是 $\varphi(x)$ 的不动点，且 $x_1^* \neq x_2^*$，由式（3-4）得

$$|x_1^* - x_2^*| = |\varphi(x_1^*) - \varphi(x_2^*)| \leqslant L|x_1^* - x_2^*| < |x_1^* - x_2^*|$$

导出矛盾，唯一性得证。

对任意 $x_0 \in [a,b]$，$\varphi(x) \in [a,b]$ 保证了 $x_k \in [a,b]$，$k = 1,2,\cdots$。再由式（3-4）得

$$|x_k - x^*| = |\varphi(x_{k-1}) - \varphi(x^*)| \leqslant L|x_{k-1} - x^*| \qquad (3-7)$$

递推得

$$|x_k - x^*| \leqslant L^k|x_0 - x^*|$$

因为 $0 < L < 1$，所以 $\lim\limits_{k \to \infty} x_k = x^*$。

利用式（3-7）得

$$|x_{k+1} - x_k| \geqslant |x^* - x_k| - |x^* - x_{k+1}| \geqslant (1-L)|x^* - x_k|$$

从而得到式（3-5）

$$|x^* - x_k| \leqslant \frac{1}{1-L}|x_{k+1} - x_k|$$

由式（3-5），注意到

$$|x_{k+1} - x_k| = |\varphi(x_k) - \varphi(x_{k-1})| \leqslant L|x_k - x_{k-1}|$$

递推得到式（3-6）

$$|x^* - x_k| \leqslant \frac{1}{1-L}|x_{k+1} - x_k| \leqslant \frac{L}{1-L}|x_k - x_{k-1}| \leqslant \cdots$$

$$\leqslant \frac{L^k}{1-L}|x_1 - x_0|$$

式(3-4)表示的条件通常称为 Lipschitz 条件，L 称为 Lipschitz 常数。$0 < L < 1$ 可在看成 φ 满足"压缩"性质。定理 3.1 又称为压缩映照原理，或不动点原理，或全局收敛性定理，是本章的基本依据。由定理 3.1 可知，L 越小，迭代序列收敛得越快，当 L 接近 1 时收敛缓慢。式(3-6)是一个误差的事前估计式，可由此根据给定的精度 ε 来估计迭代的次数 k。若要使 $|x_k - x^*| < \varepsilon$，只要 $\dfrac{L^k}{1-L} |x_1 - x_0| < \varepsilon$，即 $k >$

$\dfrac{\ln\varepsilon + \lg\dfrac{1-L}{|x_1 - x_0|}}{\lg L}$。若能估计出 L 的值，便可由所给精度 ε 估计出迭代的次数 k。

但由于 L 不容易求得，因此在实际计算中，常采用误差的事后估计式，即式(3-5)，当相邻两次的迭代值达到 $|x_{k+1} - x_k| < \varepsilon$ 时，有 $|x_k - x^*| < \dfrac{\varepsilon}{1-L}$，在 L 不太接近 1 的情况下，当相邻两次的迭代值足够接近时，误差也足够小。故常采用 $|x_{k+1} - x_k| < \varepsilon$ 来控制迭代过程是否结束，但当 L 接近 1 时，即使 $|x_{k+1} - x_k| < \varepsilon$ 已很小，误差还可能很大，这时用这种方法控制迭代过程就不可靠。

推论 3.1　若 $\varphi \in C[a,b]$，满足式(3-6)，且 $\varphi \in C^1[a,b]$，存在常数 $L \in (0, 1)$，使

$$|\varphi'(x)| \leqslant L, \forall x \in [a,b]$$

则 $\varphi(x)$ 在 $[a,b]$ 上存在唯一的不动点。

推论 3.1 给出了如图 3-4 所示的现象的理论解释。

3.2.3　局部收敛性与收敛阶

3.2.2 小节给出了迭代序列 $\{x_k\}$ 在区间 $[a,b]$ 上的收敛性，通常称为全局收敛性，有时不易检验条件，实际应用时通常只在不动点 x^* 的邻近考察其收敛性，即局部收敛性。

定义 3.1　设 $\varphi(x)$ 有不动点 x^*，若存在 x^* 的某个邻域 R：$|x - x^*| \leqslant \delta$，对任意 $x_0 \in R$，迭代公式[式(3-3)]产生的序列 $\{x_k\} \in R$，且收敛到 x^*，则称迭代法局部收敛。

定理 3.2　设 x^* 为 $\varphi(x)$ 的不动点，$\varphi'(x)$ 在 x^* 的某个邻域连续，且 $|\varphi'(x^*)| < 1$，则迭代法[式(3-3)]局部收敛。

证明　由连续函数的性质，存在 x^* 的某个邻域 R：$|x - x^*| \leqslant \delta$，对任意 $x \in R$，$|\varphi'(x)| \leqslant L < 1$ 成立。此外，对于任意 $x \in R$，总有 $\varphi(x) \in R$，这是因为

$$|\varphi(x) - x^*| = |\varphi(x) - \varphi(x^*)| \leqslant L|x - x^*| < |x - x^*|$$

故对任意的初值 $x_0 \in R$，由迭代公式 $x_{k+1} = \varphi(x_k)$ 所产生的序列 $\{x_k\}$ 收敛于 x^*。

定义 3.2　设序列 $\{x_k\}$ 收敛于 x^*，记误差 $e_k = x_k - x^*$，若存在实数 $p \geqslant 1$，使

$$\lim_{k \to \infty} \frac{e_{k+1}}{e_k^p} = C \ (\text{常数 } C \neq 0)$$

则称 $\{x_k\}$ 为 p 阶收敛，C 称为渐近误差常数。特别地，$p = 1(\,|\,C\,| < 1)$ 时称为线性收敛，$p > 1$ 时称为超线性收敛，$p = 2$ 时称为平方收敛。

显然，收敛阶 p 的大小刻画了序列 $\{x_k\}$ 的收敛速度，p 越大，收敛越快。

定理 3.3　设迭代函数 $\varphi(x)$ 在其不动点 x^* 的邻域内有充分多阶连续导数，则迭代格式 $x_{k+1} = \varphi(x_k)$ 产生的序列 $\{x_k\}$ 在 x^* 邻近是 p 阶收敛的充分条件是

$$\varphi^{(k)}(x^*) = 0(k = 1, 2, \cdots, p-1),\ \varphi^{(p)}(x^*) \neq 0 \tag{3-8}$$

证明　因为 $\varphi'(x^*) = 0$，所以由定理 3.2 知 $\{x_k\}$ 局部收敛。由泰勒展开式得

$$\varphi(x_k) = \varphi(x^*) + \varphi'(x^*)(x_k - x^*) + \cdots + \frac{\varphi^{(p-1)}(x^*)}{(p-1)!}(x_k - x^*)^{(p-1)}$$

$$+ \frac{\varphi^{(p)}(\xi)}{p!}(x_k - x^*)^p$$

其中，ξ 在 x_k 与 x^* 之间。由式(3-8) 可得

$$x_{k+1} - x^* = \varphi(x_k) - \varphi(x^*) = \frac{\varphi^{(p)}(\xi)}{p!}(x_k - x^*)^p$$

取充分接近 x^* 的 x_0，设 $x_0 \neq x^*$，由上面的泰勒展开式可以证明 $x_k \neq x^*(k = 1, 2, \cdots)$。于是，当 $k \to \infty$ 时，有

$$\lim_{k \to \infty} \frac{e_{k+1}}{e_k^p} = \frac{\varphi^{(p)}(x^*)}{p!} \neq 0$$

因此，$\{x_k\}$ 是 p 阶收敛的。

3.2.4　迭代法的加速技巧

对于收敛的迭代过程，只要迭代次数足够多，就可以使结果达到任意的精度要求。但有时迭代过程收敛缓慢，会使计算量变得很大，这时就需要对迭代进行加速。

1. 加权法

设 x_k 是 x^* 的某个近似值，用迭代公式校正一次得 $\overline{x}_{k+1} = g(x_k)$，又 $x^* = g(x^*)$，由中值定理有

$$x^* - \overline{x}_{k+1} = g(x^*) - g(x_k) = g'(\xi)(x^* - x_k)$$

其中，ξ 在 x^* 与 x_k 之间。

当 x^* 与 x_k 相差不大时，设 $g'(\xi)$ 变化不大，其估计值为 L，则有

$$x^* - \overline{x}_{k+1} \approx L(x^* - x_k)$$

由此解出 x^*，得

$$x^* \approx \frac{1}{1-L}\overline{x}_{k+1} - \frac{L}{1-L}x_k$$

将迭代值 $\overline{x}_{k+1}$ 与 x_k 加权平均，得

$$x_{k+1} = \frac{1}{1-L}\overline{x}_{k+1} - \frac{L}{1-L}x_k \tag{3-9}$$

这种加权法的迭代法包含两步计算过程，即迭代 $\overline{x}_{k+1} = g(x_k)$ 与加权 $x_{k+1} = \dfrac{1}{1-L}\overline{x}_{k+1} - \dfrac{L}{1-L}x_k$。

例 3.4 用加权法加速技术求方程 $x = e^{-x}$ 在 0.5 附近的一个根。

解 因为在 $x_0 = 0.5$ 附近有

$$g'(x)\big|_{0.5} = -e^{-x}\big|_{0.5} = -e^{-0.5} \approx -0.6$$

所以迭代公式 $\overline{x}_{k+1} = e^{-x_k}$ 收敛。迭代加速公式可以写成

$$x_{k+1} = \frac{1}{1.6}(e^{-x_k} + 0.6x_k)$$

计算结果见表 3-4。

表 3-4 例 3.4 的计算结果

k	x_k
0	0.5
1	0.566582
2	0.567132
3	0.567143
4	0.567143

由表 3-4 可以看到，迭代 4 次即可得到高精度的近似值 0.567143，说明加速效果是显著的。

2. 埃特金（Aitken）加速法

以线性收敛的迭代法为例，设 $\{x_k\}$ 是一个线性收敛序列，收敛于方程 $x = \varphi(x)$ 的根 x^*，误差 $e_k = x^* - x_k$，即

$$\lim_{k\to\infty}\left|\frac{e_{k+1}}{e_k}\right| = c, \quad 0 < c < 1$$

当 k 充分大时，有

$$\frac{x^* - x_{k+2}}{x^* - x_{k+1}} \approx \frac{x^* - x_{k+1}}{x^* - x_k}$$

从而有

$$x^* \approx x_{k+2} - \frac{(x_{k+2} - x_{k+1})^2}{x_{k+2} - 2x_{k+1} + x_k} = x_k - \frac{(x_{k+1} - x_k)^2}{x_k - 2x_{k+1} + x_{k+2}}$$

由此可取 x_k 的校正值为

$$\overline{x}_k = x_k - \frac{(x_{k+1} - x_k)^2}{x_k - 2x_{k+1} + x_{k+2}}, \quad k = 0,1,2,\cdots \tag{3-10}$$

式(3-10)就是埃特金加速法，其收敛速度比 $\{x_k\}$ 快。

3．斯蒂芬森（Steffensen）迭代法

斯蒂芬森迭代法是埃特金加速法与简单迭代法的结合，其公式为

$$\begin{cases} y_k = \varphi(x_k) \\ z_k = \varphi(y_k), k = 0,1,2,\cdots \\ x_{k+1} = x_k - \dfrac{(y_k - x_k)^2}{z_k - 2y_k + x_k} \end{cases} \qquad (3-11)$$

式(3-11)实际上是将简单迭代公式连续计算两次再与埃特金加速法合并得到的，可以写成另一种简单迭代公式

$$x_{k+1} = \psi(x_k), \quad k = 0,1,2,\cdots \qquad (3-12)$$

其中，

$$\psi(x_k) = x - \frac{\left[\varphi(x) - x\right]^2}{\varphi(\varphi(x)) - 2\varphi(x) + x}$$

对于迭代公式[式（3-12）]，有如下的局部收敛性定理。

定理 3.4　若 x^* 为方程 $x = \psi(x)$ 的根，则 x^* 为方程 $x = \varphi(x)$ 的根；反之，若 x^* 为方程 $x = \varphi(x)$ 的根，且 $\varphi''(x)$ 存在，$\varphi'(x^*) \neq 1$，则 x^* 为方程 $x = \psi(x)$ 的根，且斯蒂芬森迭代公式 [式(3-12)] 是二阶收敛的。

例 3.5　用斯蒂芬森迭代法求解方程 $x^3 - x - 1 = 0$ 在区间 $[1, 1.5]$ 附近的根，计算结果精确到 10^{-5}。

解　根据局部收敛性定理可以判定求解上述方程的简单迭代公式 $x_{k+1} = x_k^3 - 1 (k = 0,1,2,\cdots)$ 是发散的。

以迭代公式 $x_{k+1} = x_k^3 - 1$ 为基础形成的斯蒂芬森迭代公式为

$$\begin{cases} y_k = x_k^3 - 1 \\ z_k = y_k^3 - 1, k = 0,1,2,\cdots \\ x_{k+1} = x_k - \dfrac{(y_k - x_k)^2}{z_k - 2y_k + x_k} \end{cases}$$

取 $x_0 = 1.25$，计算结果见表 3-5。$|x_5 - x_4| < 10^{-5}$，$x^* \approx 1.324718$。

表 3-5　例 3.5 的计算结果

k	x_k	k	x_k
0	1.25	3	1.324884
1	1.361508	4	1.324718
2	1.330592	5	1.324718

上述计算结果表明，该迭代过程是收敛的。这说明即使迭代公式 $x_{k+1} = x_k^3 - 1$ 是发散的，但通过斯蒂芬森迭代法处理后，迭代仍可能收敛。对于原来已经收敛的阶数

较低的简单迭代法，由定理 3.4 可知它可以达到二阶收敛。

简而言之，迭代法是一种逐次逼近法，这种方法使用某个固定的迭代公式反复校正根的近似值，使之逐步精确化，直至得到满足精度要求的结果。迭代法的求根过程分成两步，第一步先提供根的某个猜测值，即所谓迭代初值，第二步将迭代初值逐步加工成满足精度要求的根。其设计思想是将隐式方程 $x = \varphi(x)$ 归结为计算一组显式公式 $x_{k+1} = \varphi(x_k)$，也就是说，迭代过程实质上是一个逐步显式化的过程。

 ### 3.2.5　迭代法程序框图和计算程序

普通迭代法程序框图如图 3 - 5 所示。

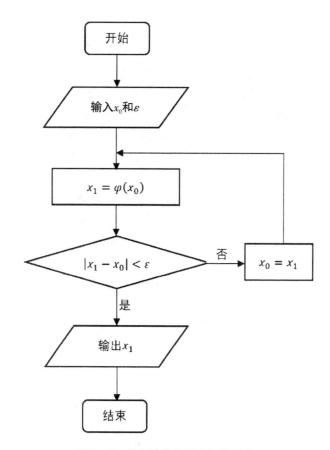

图 3 - 5　普通迭代法程序框图示意

与图 3 - 5 相对应的 MATLAB 计算程序如下：

```
x0 = input('please input x0：');
e = input('please input e：');        % e 为 ε 的值，即误差限
s = input('please input a function：','s');
```

```
f = inline(s);
k = 0;
er = 1;
while er > e
    x1 = y(x0);
    er = abs(x1 - x0);
    x0 = x1;
    k = k + 1;
    disp([k,x0,er])
end
```

例 3.6　在 9.33 atm（1 atm = 101.325 kPa）、300.2 K 的条件下，容器中充以 2 mol 氨气，试用范德华方程求该容器的容积，要求精度为 10^{-4}。已知氨气的范德华常数为 $a = 4.17$ atm·L^2/mol^2，$b = 0.0371$ L/mol，范德华方程为

$$\left(p + \frac{an^2}{V^2} \right)(V - nb) = nRT$$

解　将范德华方程写成函数形式，即

$$f(V) = \left(p + \frac{an^2}{V^2} \right)(V - nb) - nRT = 0$$

将上式改写成迭代公式并代入数据，得

$$V = \frac{nRT}{p + \dfrac{an^2}{V^2}} + nb = \frac{49.2948}{9.33 + 16.68/V^2} + 0.0742$$

迭代初值 V_0 可用理想气体状态方程 $pV = nRT$ 估计，得

$$V_0 = \frac{2 \times 0.0821 \times 300.2}{9.33} \text{ L} = 5.2833 \text{ L}$$

参考程序如下：

（1）定义函数。

```
function y = f(x)
y = 49.2948/(9.33 + 16.68/x*x) + 0.0742;        % 迭代公式
```

（2）主程序。

```
n = 50;                % 最大迭代次数
x = 5.2833;            % 迭代初值 x0 赋值
i = 0;                 % 迭代次数计算
while i <= n
    y = f(x);          % 迭代计算
    if abs(y - x) > 10^(-5)        % 收敛判断
        x = y;
    else break
```

```
    end
    i = i + 1;
  end
  fprintf(' \ n%s%.4f \ t%s%d','x = ',x'i = ',i)          %结果输出
```

计算结果显示如下：

x = 5.001370   i = 4   %i 为迭代次数

由计算结果可知，迭代 4 次即可求出反应器容积，为 $V = 5.001370\ L$。

3.3　牛顿迭代法

 ## 3.3.1　牛顿迭代公式

对于方程 $f(x) = 0$，要应用迭代法，必须先将它改写成 $x = \varphi(x)$ 的形式，即需要针对所给的函数 $f(x)$ 构造合适的迭代函数 $\varphi(x)$。

迭代函数 $\varphi(x)$ 可以是多种多样的。例如，可令迭代函数 $\varphi(x) = x + f(x)$，这时相应的迭代公式是

$$x_{k+1} = x_k + f(x_k) \tag{3-13}$$

一般来说，这种迭代公式不一定收敛，或者收敛的速度缓慢。

运用前述加速技巧，对于式 $(3-13)$，其加速公式具有以下形式：

$$\begin{cases} \bar{x}_{k+1} = x_k + f(x_k) \\ x_{k+1} = \bar{x}_{k+1} + \dfrac{1}{1-L}(\bar{x}_{k+1} - x_k) \end{cases}$$

记 $M = L - 1$，上面两个式子可以合并写成

$$x_{k+1} = x_k - \frac{f(x_k)}{M}$$

这种迭代公式通常称为简化的牛顿公式，其相应的迭代函数是

$$\varphi(x) = x - \frac{f(x)}{M} \tag{3-14}$$

需要注意的是，由于 L 是 $\varphi'(x)$ 的估计值，而 $\varphi(x) = x + f(x)$，这里的 $M = L - 1$ 实际上是 $f'(x)$ 的估计值。如果用 $f'(x)$ 代替式 $(3-14)$ 中的 M，则得到如下形式的迭代函数：

$$\varphi(x) = x - \frac{f(x)}{f'(x)}$$

其相应的迭代公式为

$$x_{k+1} = x_k - \frac{f(x_k)}{f'(x_k)} \tag{3-15}$$

这就是牛顿迭代公式。

3.3.2　牛顿迭代公式的几何解释

对于方程 $f(x) = 0$，若 $f(x)$ 是线性函数，则对它求根是比较容易的。牛顿法实质上是一种线性化方法，其基本思想是将非线性方程 $f(x) = 0$ 逐步归结为某种线性方程来求解。

设已知方程 $f(x) = 0$ 有近似根 x_k，将函数 $f(x)$ 在点 x_k 泰勒展开，即

$$f(x) \approx f(x_k) + f'(x_k)(x - x_k)$$

于是方程 $f(x) = 0$ 可近似地表示为

$$f(x_k) + f'(x_k)(x - x_k) = 0 \qquad\qquad (3-16)$$

这是个线性方程，记其根为 x_{k+1}，则 x_{k+1} 的计算公式就是牛顿公式，即式（3-15）。

牛顿法有明显的几何解释，方程 $f(x) = 0$ 的根 x^* 可解释为曲线 $y = f(x)$ 与 x 轴的交点的横坐标（图 3-6）。设 x_k 是 x^* 的某个近似值，过曲线 $y = f(x)$ 上横坐标为 x_k 的点 P_k 引切线，并将该切线与 x 轴的交点的横坐标 x_{k+1} 作为 x^* 的新的近似值。注意到切线方程为

$$y = f(x_k) + f'(x_k)(x - x_k)$$

这样求得的值 x_{k+1} 必满足式（3-16），也就是牛顿公式的计算结果。因此，牛顿法亦称为切线法。

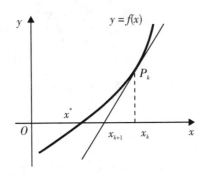

图 3-6　牛顿迭代式的几何解释

3.3.3　牛顿迭代的局部收敛性

对于一种迭代过程，为了保证它是有效的，需要判定它的收敛性，同时考察它的收敛速度。所谓迭代过程的收敛速度，是指在接近收敛的过程中迭代误差的下降速度。

由定理 3.3 可知，迭代过程的收敛速度依赖于迭代函数 $\varphi(x)$ 的选取。若当 $x \in$

$[a, b]$ 时，$\varphi'(x) \neq 0$，则该迭代过程线性收敛。

对于式(3-15)，其迭代函数为

$$\varphi(x) = x - \frac{f(x)}{f'(x)}, \varphi'(x) = x - \frac{f(x)f''(x)}{[f'(x)]^2}$$

假定 x^* 是 $f(x)$ 的一个单根，即 $f(x^*) = 0$，$f'(x^*) \neq 0$，则由上式知 $\varphi'(x^*) = 0$，于是根据定理 3.3 可以断定，牛顿法在根 x^* 的邻近是平方收敛的。

例 3.7 用牛顿法解方程

$$xe^x - 1 = 0$$

解 这里牛顿公式为 $x_{k+1} = x_k - \dfrac{x_k - e^{-x_k}}{1 + x_k}$，取迭代初值 $x_0 = 0.5$，迭代结果见表 3-6。

表 3-6 例 3.7 的计算结果

k	x_k
0	0.5
1	0.57102
2	0.56716
3	0.56714

所给方程实际上是方程 $x = e^{-x}$ 的等价形式。由例 3.7 可以看出，牛顿法的收敛速度很快。

例 3.8 应用牛顿迭代法求 $\sqrt{115}$ 的值。

解 对于给定正数 a，应用牛顿法解二次方程 $x^2 - a = 0$，可以导出求开方值 $\sqrt{a}$ 的迭代公式为

$$x_{k+1} = \frac{1}{2}\left(x_k + \frac{a}{x_k}\right)$$

可以证明对于任意 $x_0 > 0$，迭代过程恒收敛（证明过程略）。

取初值 $x_0 = 10$，对 $a = 115$ 按上式迭代 3 次便得到精度为 10^{-6} 的结果，见表 3-7。

表 3-7 例 3.8 的计算结果

k	x_k
0	10
1	10.750000
2	10.723837

续上表

k	x_k
3	10. 723805
4	10. 723805

再举一个例子，对于给定正数 a，应用牛顿法解方程 $\dfrac{1}{x} - a = 0$，可以导出求 $\dfrac{1}{a}$ 而不用除法的迭代公式，为

$$x_{k+1} = x_k(2 - ax_k)$$

这个算法有实际意义，早期设计电子计算机时，为了节省硬件设备，曾运用这种技术避开除法操作的设置。

下面证明上述迭代公式在初值 x_0 满足 $0 < x_0 < \dfrac{2}{a}$ 的条件下是收敛的。事实上，由于

$$x_{k+1} - \frac{1}{a} = x_k(2 - ax_k) - \frac{1}{a} = -a\left(x_k - \frac{1}{a}\right)^2$$

因此，对于 $r_k = 1 - ax_k$ 有递推公式 $r_{k+1} = r_k^2$。据此反复递推，有

$$r_k = r_0^{2^k}$$

若初值满足 $0 < x_0 < \dfrac{2}{a}$，则对于 $r_0 = 1 - ax_0$ 有 $|r_0| < 1$。这时将有 $r_k \to 0$，从而迭代收敛。

3.3.4　牛顿下山法

前面已经讨论过牛顿法的局部收敛性。一般来说，牛顿法的收敛性依赖于初值 x_0 的选取，若 x_0 偏离所求的根 x^* 比较远，则牛顿法可能发散。

例如，用牛顿法求方程

$$x^3 - x - 1 = 0$$

在 $x = 1.5$ 附近的一个根 x^*。设取迭代初值 $x_0 = 1.5$，用牛顿公式

$$x_{k+1} = x_k - \frac{x_k^3 - x_k - 1}{3x_k^2 - 1}$$

计算得：$x_1 = 1.34783$，$x_2 = 1.32520$，$x_3 = 1.32472$，迭代 3 次得到的结果 x_3 有六位有效数字。但是，若改用 $x_0 = 0.6$ 作为迭代初值，则用牛顿公式，迭代 1 次得 $x_1 = 17.9$，这个结果反而比 $x_0 = 0.6$ 更偏离了所求的根 $x^* = 1.32472$。

为了防止迭代发散，对迭代过程再附加一项要求——具有单调性，即

$$|f(x_{k+1})| < |f(x_k)| \tag{3-17}$$

满足这项要求的算法称为下山法。

将牛顿法与下山法结合起来使用，即可在下山法保证函数值稳定下降的前提下，用牛顿法加快收敛速度。为此，将牛顿法的计算结果

$$\bar{x}_{k+1} = x_k - \frac{f(x_k)}{f'(x_k)}$$

与前一步的近似值 x_k 适当加权平均作为新的改进值，即

$$x_{k+1} = \lambda \bar{x}_{k+1} + (1 - \lambda)x_k \qquad (3 - 18)$$

其中，$\lambda(0 < \lambda \leqslant 1)$ 称为下山因子。

在挑选下山因子时，要使单调性条件成立。下山因子的选择是个逐步探索的过程。设从 $\lambda = 1$ 开始反复将 λ 减半进行试算，若能定出值 λ 使单调性条件成立，则称为"下山成功"。反之，若在上述过程中找不到单调性条件式(3 - 17) 成立的下山因子 λ，则称为"下山失败"，这时需要另选初值 x_0 重新计算。

 ### 3.3.5　牛顿迭代法计算步骤和程序框图

下面列出牛顿迭代法的计算步骤：

（1）准备。选定初始近似值 x_0，计算 $f_0 = f(x_0)$，$f_0' = f'(x_0)$。

（2）迭代。按公式 $x_1 = x_0 - \dfrac{f_0}{f_0'}$ 迭代 1 次，得到新的近似值 x_1，计算 $f_1 = f(x_1)$，$f_1' = f'(x_1)$。

（3）控制。若 x_1 满足 $|\delta| < \varepsilon_1$ 或 $|f_1| < \varepsilon_2$，则终止迭代，以 x_1 作为所求的根；否则转步骤（4）。此处 ε_1 和 ε_2 是允许误差，而

$$\delta = \begin{cases} |x_1 - x_0|, & |x_1| < C \\ \dfrac{|x_1 - x_0|}{|x_1|}, & |x_1| \geqslant C \end{cases}$$

其中，C 是取绝对误差或相对误差的控制常数，一般可取 $C = 1$。

（4）修改。若迭代次数达到预先指定的次数 N 或者 $f_1' = 0$，则方法失败；否则以 (x_1, f_1, f_1') 代替 (x_0, f_0, f_0')，转步骤（2）继续迭代。

牛顿迭代法的程序框图如图 3 - 7 所示。

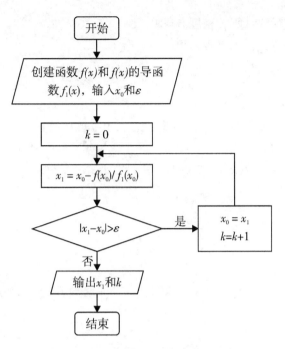

图 3 - 7　牛顿迭代法的程序框图示意

与图 3 - 7 相对应的 MATLAB 计算程序如下：

```
x0 = input('please input x0：')；
e = input('please input e：')；                    % e 为 ε 的值，即误差限
s = input('please input a function：','s')；
s1 = input('please input a function：','s1')；      % s1 为函数 s 的导函数
f = inline(s)；
f1 = inline(s1)；
k = 0；
er = 1；
while er > e
    x1 = x0 - f(x0)/f1(x0)；
    er = abs(x1 - x0)；
    x0 = x1；
    k = k + 1；
end
```

例3.9　简单蒸馏时，某时刻的釜底残液量 F 与低沸点组分组成含量 x 的关系为 $\ln\dfrac{F_0}{F} = \dfrac{1}{a-1}\left(\ln\dfrac{x_0}{x} + a\ln\dfrac{1-x}{1-x_0}\right)$。对于苯 - 甲苯物系，相对挥发度 $a = 2.5$，开始时物系中含苯 60%、甲苯 40%。若蒸馏至残液量为原加料量的一半，试求残液中

苯含量。用牛顿迭代法计算，精度 $\varepsilon = 10^{-4}$。

解 按题意将数值代入方程，得

$$\ln \frac{F_0}{F_0/2} = \frac{1}{2.5 - 1}\left(\ln \frac{0.6}{x} + 2.5\ln \frac{1 - x}{1 - 0.6}\right)$$

整理后得

$$2.5\ln(1 - x) - \ln x + 0.7402 = 0$$

其函数和导数的形式为

$$f(x) = 2.5\ln(1 - x) - \ln x + 0.7402$$

$$f'(x) = -\frac{2.5}{1 - x} - \frac{1}{x}$$

参考程序如下：

（1）定义函数。

```
function y = nd(x)
y = 2.5 * log(1 - x) - log(x) + 0.7402;        % 函数 f(x) 的表达式
function y = nd1(x)
y = -2.5/(1 - x) - 1/x;                        % 导数 f'(x) 的表达式
```

（2）主程序。

```
x = 0.4;          % 迭代初值
i = 0;            % 迭代次数计数
while i < = 100;
    y = x - nd(x)/nd1(x);        % 牛顿迭代格式
    if abs(y - x) > 10^(-5);        % 收敛判断
        x = y;
    else break
    end
    i = i + 1;
end
fprintf('\n%s%.4f\t%s%d','x = ',x'i = ',i)        % 结果输出
```

计算结果显示如下：

```
x = 0.456508        i = 3        % i 为迭代次数
```

3.4　弦　截　法

用牛顿迭代法求非线性方程的根，每步除了计算 $f(x_k)$，还要计算 $f'(x_k)$，当函数 $f(x)$ 比较复杂时，计算 $f'(x)$ 往往较困难，或存在不可导的点，因此可以利用已求函数值 $f(x_k)$、$f(x_{k-1})$ 等来回避导数 $f'(x_k)$ 的计算。下面介绍两种常用的方法。

3.4.1　单点弦截法

为了避免导数 $f'(x_k)$ 的计算，用平均变化率 $\dfrac{f(x_k) - f(x_0)}{x_k - x_0}$ 代替牛顿迭代公式中的导数 $f'(x_k)$，于是得

$$x_{k+1} = x_k - \frac{f(x_k)}{f(x_k) - f(x_0)}(x_k - x_0) \tag{3-19}$$

式（3-19）称为单点弦截迭代公式。导出的公式可以看作导数 $f'(x_k)$ 用平均变化率 $\dfrac{f(x_k) - f(x_0)}{x_k - x_0}$ 代替的结果。单点弦截法具有线性收敛速度。

下面解释单点弦截法的几何意义。如图 3-8 所示，过点 $P_0(x_0, f(x_0))$，$P_k(x_k, f(x_k))$ 的弦的方程为

$$y = f(x_k) + \frac{f(x_k) - f(x_0)}{x_k - x_0}(x - x_k)$$

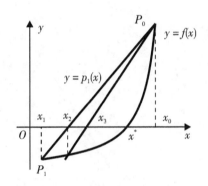

图 3-8　单点弦截法的几何示意

单点弦截法的优点是避免了计算导数 $f'(x_k)$，缺点是收敛速度不如牛顿法。

例 3.10　用单点弦截法求方程 $x^3 - 0.2x^2 - 0.2x - 1.2 = 0$ 在 $x = 1.5$ 附近的根。

解　据题意，取 $x_0 = 1.5$，$f(x_0) = 1.425$，代入单点弦截法有

$$x_{k+1} = x_k - \frac{f(x_k)}{f(x_k) - 1.425}(x_k - 1.5), k = 1, 2, \cdots$$

单点弦截迭代公式为

$$x_{k+1} = x_k - \frac{x_k^3 - 0.2x_k^2 - 0.2x_k - 1.2}{x_k^3 - 0.2x_k^2 - 0.2x_k - 1.2 - 1.425}(x_k - 1.5)$$

取 $x_1 = 1$，计算结果见表 3-8。

表 3 - 8　例 3.10 的计算结果

k	x_k	$f(x_k)$	k	x_k	$f(x_k)$
1	1.000	-0.600	4	1.197	-0.011
2	1.148	-0.180	5	1.199	-0.004
3	1.187	-0.047	6	1.200	-0.000

 ### 3.4.2　双点弦截法

利用已求函数值 $f(x_k)$、$f(x_{k-1})$ 构造 P_k 和 P_{k-1} 两点间的斜率 $\dfrac{f(x_k) - f(x_{k-1})}{x_k - x_{k-1}}$，

用其替代牛顿公式 $x_{k+1} = x_k - \dfrac{f(x_k)}{f'(x_k)}$ 中的导数 $f'(x_k)$，可得双点弦截迭代公式，为

$$x_{k+1} = x_k - \frac{f(x_k)}{f(x_k) - f(x_{k-1})}(x_k - x_{k-1}) \qquad (3 - 20)$$

其几何意义如图 3 - 9 所示。

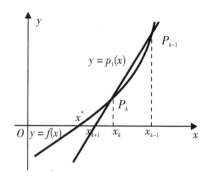

图 3 - 9　双点弦截法的几何意义

双点弦截法与切线法（牛顿法）都是线性化方法，但两者有本质的区别。切线法在计算 x_{k+1} 时只用到前一步的值 x_k，而双点弦截法 [式(3.20)]，在求 x_{k+1} 时要用到前面两步的结果 x_k、x_{k-1}，因此使用这种方法必须先给出两个开始值 x_0、x_1。

例 3.11　设有非线性方程 $x^3 - x - 1 = 0$，写出牛顿迭代公式与单点弦截迭代公式，并用双点弦截法求方程在区间 $[1, 1.5]$ 内的一个根，且使 $|x_k - x_{k-1}| \leqslant 10^{-5}$。

解　取初始值 $x_0 = 1$，牛顿迭代公式为

$$x_{k+1} = x_k - \frac{x_k^3 - x_k - 1}{3x_k^2 - 1}, k = 0, 1, 2, \cdots$$

取初始近似根 $x_0 = 1$，$x_1 = 1.5$，单点弦截迭代公式为

$$x_{k+1} = x_k - \frac{x_k^3 - x_k - 1}{(x_k^3 - x_k - 1) - (x_0^3 - x_0 - 1)}(x_k - x_0), k = 1,2,3,\cdots$$

取初始近似根 $x_0 = 1$，$x_1 = 1.5$，双点弦截迭代公式为

$$x_{k+1} = x_k - \frac{x_k^3 - x_k - 1}{(x_k^3 - x_k - 1) - (x_{k-1}^3 - x_{k-1} - 1)}(x_k - x_{k-1}), k = 1,2,3,\cdots$$

计算结果见表 3 - 9。

表 3 - 9　例 3.11 的计算结果

k	x_k	$f(x_k)$
0	1	-1
1	1.5	0.875
2	1.266667	-0.234369
3	1.315962	-0.0370369
4	1.325214	0.00211642
5	1.324714	-0.000016876
6	1.324718	0.000000182

因为 $|x_6 - x_5| = 0.000004 < 10^{-5}$，所求近似根 $x^* \approx 1.32471$。

例 3.12　已知甲苯胺的蒸汽压 p（单位：mmHg）与温度 T（单位：K）之间的关系可用如下经验公式表示：

$$\lg p = 23.8296 - \frac{3480.3}{T} - 5.081 \lg T$$

试用弦截法求甲苯胺的沸点，要求精度为 10^{-3}。

解　求甲苯胺的沸点，实则是指用所给经验公式求在压力 $p = 760$ mmHg 下的温度。

首先根据经验公式写出迭代函数，为

$$f(T) = 23.8296 - \lg p - \frac{3480.3}{T} - 5.081 \lg T$$

两个初值可以设为 $T_0 = 400$ K，$T_1 = 450$ K。

参考程序如下：

（1）定义函数。

```
function y = nd(x)
y = 23.8296 - log(760) - 3480.3/x - 5.081 *log(x);    % 函数 f(x) 的表达式
```

（2）主程序。

```
i = 0;           % 迭代次数计数
x1 = 400;        % 迭代初值 1
```

```
x2 = 450 ;            %迭代初值2
while i < = 50 ;
    y = x2 - nd( x2 )/( nd( x2 ) - nd( x1 ) ) * ( x2 - x1 );        %弦截法迭代格式
    if abs( y - x2 ) > 10^( - 3 );        %收敛判断
        x1 = x2 ;
        x2 = y ;
        i = i + 1 ;
    else break
    end
fprintf( ' \ n%s%.4f\ t%s%d' , 'x = ' , x , 'i = ' , i )    %输出结果
```

计算结果显示如下：

```
x = 473. 01   i = 3        % i 为迭代次数
```

3.5 用于非线性方程求解的 MATLAB 自带函数

 ### 3.5.1 单变量非线性方程

1. 用函数 fzero( ) 求解

单变量非线性方程的数值解法主要有二分法、不动点迭代法、牛顿迭代法和弦截法等。MATLAB 用函数 fzero( ) 求解单个代数方程，该函数结合使用二分法、弦截法和可逆二次内插法。

调用函数 fzero( ) 的格式如下：

x = fzero(@ fun , x0)

x = fzero(@ fun , x0 , options , p1 , p2 , ⋯)

其中，fun 为自定义函数，@ 为函数柄，即定义 $f(x) = 0$ 中的 $f(x)$；x_0 为迭代初值，x 为方程的根。

2. 用函数 roots( ) 求解

在求解下面的多项式方程时，用函数 roots( ) 求解更高效：

$$f(x) = C(1) \cdot x^n + C(2) \cdot x^{n-1} + \cdots + C(n) \cdot x + C(n + 1) = 0$$

其中，C 为多项式的系数向量，x 为方程的根。

调用函数 roots( ) 的格式如下：

x = roots(C)   %用于求解多项式 C(1) *x^n + ⋯ + C(n) *x + C(n +1) =0 的根

例 3. 13 计算方程 $x^2 - 2x - 3 = 0$ 的根。

解 用函数 func( ) 定义 $f(x) = x^2 - 2x - 3$，主程序分别用函数 fzero( ) 与

roots( ) 求解 $f(x) = 0$ 的根。

参考程序如下。

function xFzero_Roots　　%描述如何使用函数 fzero( ) 与 roots( )

clear all;　　clc

x0 = 0;　x1 = fezro(@ func,x0)

x0 = 2;　x2 = fzero(@ func,x0)　　% 函数 fzero( ) 中使用不同的初值

c = [1　　-2　　-3];

x3 = roots(c)

%……………………………………………………………………………

function f = func(x)

$f = x^2 - 2*x - 3$;

计算结果显示，用函数 fzero( ) 计算时，当初值分别取 x0 = 0 和 x0 = 2 时，结果分别为 x1 = -1 和 x2 = 3，这表明函数 fzero( ) 获得的解取决于初值，初值不同，得到的根不同，一般得到靠近给定初值的根。由于这是多项式方程，用函数 roots( ) 可求得全部的根 $x_3 = [-1 \quad 3]$，而用函数 fzero( ) 则很难得到全部的根。因此，对于多项式方程，最好选用函数 roots( ) 求解，而不用函数 fzero( )。

 ### 3.5.2　多变量非线性方程组

MATLAB 中用函数 fsolve( ) 求解非线性方程组。

调用函数 fsolve( ) 的格式如下：

x = fsolve(@ fun,x0)

x = fsolve(@ fun,x0,options,p1,p2,…)

其中，fun 为自定义函数，即定义非线性方程组 $f(x) = 0$ 的 $f(x)$，该函数应该返回一个列向量；x_0 为迭代初值；x 为方程的根向量。

例 3.14　求解非线性方程组 $\begin{cases} x_1 - 4x_1^2 - x_1 x_2 = 0 \\ 2x_2 - x_2^2 + 3x_1 x_2 = 0 \end{cases}$。

解　用函数 NonlinEqs( ) 定义所要求解的非线性方程组，供函数 fsolve( ) 调用。

参考程序如下：

function xFsolve

clear all;　　clc

x0 = [1,1]';　x1 = fsolve(@ NonlinEqs,x0)

x0 = [-0.1,2]';　x2 = fsolve(@ NonlinEqs,x0)

%……………………………………………………………………………

function f = NonlinEqs(x)

f(1) = x(1) - 4 *x(1) *x(1) - x(1) *x(2);

f(2) = 2 *x(2) - x(2) *x(2) + 3 *x(1) *x(2);

计算结果显示，给定初值 x0 = [1，1] 时，解为 x1 = [0.2500，0.0000]；x0 = [-0.1，2] 时，解为 x2 = [-0.1429，1.5714]。可见，用函数 fsolve( ) 求解非线性方程组时，给定的初值不同，结果也不同。

例 3.15 异丙醇于 400 ℃、1 atm 下在银催化剂参与下发生脱氢反应，生成丙酮，主副反应及其在反应温度下的平衡常数如下：

$$i - C_3H_7OH(IP) \rightleftharpoons n - C_3H_7OH(NP), K_1 = 0.064$$

$$i - C_3H_7OH(IP) \rightleftharpoons (CH_3)_2CO(AC) + H_2, K_2 = 0.076$$

$$i - C_3H_7OH(IP) \rightleftharpoons C_2H_5CHO(PR) + H_2, K_3 = 0.00012$$

后续的分离过程要求反应产物中丙醛的含量不大于 0.05%。问：在所述反应条件下，产物组成能否满足此要求？

解 由上述三个反应式容易看出，它们互为独立反应。以 1 mol 异丙醇为基准，设达到平衡时三个反应的反应量为 x_{e1}、x_{e2} 和 x_{e3}，则由化学计量关系可以得到平衡时各组分的物质的量为：异丙醇 $N_{IP} = 1 - x_{e1} - x_{e2} - x_{e3}$，正丙醇 $N_{NP} = x_{e1}$，丙酮 $N_{AC} = x_{e2}$，丙醛 $N_{PR} = x_{e3}$，氢 $N_H = x_{e2} + x_{e3}$，故总物质的量为 $N_t = 1 + x_{e2} + x_{e3}$。于是，可以写成化学平衡方程：

$$\frac{N_{NP}}{N_{IP}} = \frac{x_{e1}}{1 - x_{e1} - x_{e2} - x_{e3}} = K_1$$

$$\frac{N_{AC} \cdot N_H}{N_{IP} \cdot N_t} = \frac{x_{e2}(x_{e2} + x_{e3})}{(1 - x_{e1} - x_{e2} - x_{e3})(1 + x_{e2} + x_{e3})} = K_2$$

$$\frac{N_{PR} \cdot N_H}{N_{IP} \cdot N_t} = \frac{x_{e3}(x_{e2} + x_{e3})}{(1 - x_{e1} - x_{e2} - x_{e3})(1 + x_{e2} + x_{e3})} = K_3$$

变形后得

$$f_1 = \frac{x_{e1}}{1 - x_{e1} - x_{e2} - x_{e3}} - K_1 = 0$$

$$f_2 = \frac{x_{e2}(x_{e2} + x_{e3})}{(1 - x_{e1} - x_{e2} - x_{e3})(1 + x_{e2} + x_{e3})} - K_2 = 0$$

$$f_3 = \frac{x_{e3}(x_{e2} + x_{e3})}{(1 - x_{e1} - x_{e2} - x_{e3})(1 + x_{e2} + x_{e3})} - K_3 = 0$$

可用函数 fsolve( ) 求解上述关于 x_{e1}、x_{e2} 和 x_{e3} 的非线性方程组。求出 x_{e1}、x_{e2} 和 x_{e3} 之后，化学平衡时甲醛的摩尔分数为 $\frac{x_{e3}}{1 + x_{e2} + x_{e3}}$。需要注意的是，初值的选择必须满足约束条件 $x_{e1} + x_{e2} + x_{e3} < 1$，如 $x_e = [0.3 \quad 0.3 \quad 0]$。

参考程序如下：

```
function ChemEquil          % 求解化学平衡问题
clear all;        clc
x0 = [0.3    0.3    0];
x = fsolve( @ NonlinEqs, x0)
```

fprintf('\ t 化学平衡时甲醛的摩尔分数为:%。3f%s',x(3)/(1 + x(2) + x(3))
*100,'%')

%……………………………………………………………………………

function f = NonlinEqs(x)

tmp1 = 1 - x(1) - x(2) - x(3);　 tmp2 = 1 + x(2) + x(3);

f(1) = x(1)/tmp1 - 0.064;

f(2) = x(2) *(x(2) + x(3))/(tmp1 *tmp2) - 0.076;

f(3) = x(3) *(x(2) + x(3))/(tmp1 *tmp2) - 0.00012;

计算结果显示，化学平衡时三个反应的反应量分别为 0.0446 mol、0.2580 mol 和 0.0004 mol，丙醛的摩尔分数为 0.032%。可见，只要反应时间足够长，在题述的反应条件下，丙醛含量不会超过 0.05%。

习　题　3

1. 用手算的方式，分别用二分法和普通迭代法求方程 $x^3 - x - 1 = 0$ 在 $[1.0, 1.5]$ 区间内的一个根，误差小于 10^{-3}。

2. 分别用普通迭代法和加速迭代法画程序框图、编程序，计算方程 $x = e^{-x}$ 在 0.5 附近的一个根，误差控制在 10^{-5}，并对比计算步数。

3. 用手算的方式，分别用牛顿迭代法和弦截法求方程 $x^3 - 3x - 1 = 0$ 在 $x_0 = 2$ 附近的根，根的准确值为 $x^* = 1.87938524\cdots$，要求计算结果精确到四位有效数字。

4. 应用牛顿迭代法求解方程 $x^3 - a = 0$，导出求 $\sqrt[3]{a}$ 的迭代公式，并讨论其收敛性。

5. 分别用普通迭代法和牛顿迭代法画程序框图、编程序，求方程 $x - \tan x = 0$ 的最小正根，误差控制在 10^{-3}。

6. 将氯化氢进行催化氧化，是对有机化合物氯化过程中产生的尾气进行综合利用的方法之一。氯化氢氧化后产生的氯气是一些有机合成反应的原料，具有应用价值。反应式可表示如下：

$$4HCl + O_2 \leftrightarrow \overset{\triangle}{\rightleftharpoons} 2Cl_2 + 2H_2O$$

原料气的初始组成是：HCl 35.5%，空气 64.5%。反应条件是：温度 370 ℃，压力 10^5 Pa。反应平衡常数 $K_P = \dfrac{P_{Cl_2}^2 P_{H_2O}^2}{P_{HCl}^4 P_{O_2}}$。已知 $K_P = 2.225 \times 10^{-4}$ Pa^{-1}，试计算反应达到平衡时氯气在混合气体中的体积分数。

第4章 插值法在化工计算中的应用

4.1 引 言

在生产和实验中，函数 $f(x)$ 的表达式不便于计算，或者无表达式而只有函数在给定点的函数值（或其导数值），此时我们希望建立一个简单且便于计算的近似函数 $\varphi(x)$，来逼近函数 $f(x)$ 或其表达式。常用的函数逼近方法有插值法、最小二乘法（或称为均方逼近）、最佳一致逼近等。

例如，在化工领域中，通过实验可以获得有限个离散点的数据表（表 4-1）。这种用表格形式给出的函数通常称为列表函数。

表 4-1 列表函数

x_0	x_1	x_2	$\cdots$	x_n
$f(x_0)$	$f(x_1)$	$f(x_2)$	$\cdots$	$f(x_n)$

列表函数虽然可以一定程度反映实验数据点的函数变化规律，但它不能给出数据点外的函数值，因此使用起来往往很不方便。从实际需要来说，允许计算结果有一定程度的误差，若可以寻找出与已测得的实验数据相适应的近似解析函数式，则可以根据近似解析表达式求出未列点的函数值。插值法是建立这种近似公式的一种基本方法。插值就是在离散数据的基础上补插连续函数，使这条连续曲线通过全部给定的离散数据点。

定义 4.1 设函数 $y = f(x)$ 在区间 $[a, b]$ 上有定义，且已经测得其在点 $a \le x_0 < x_1 < \cdots < x_n \le b$ 上的值为 $y_0 = f(x_0), y_1 = f(x_1), \cdots, y_n = f(x_n)$，若存在一个简单的函数 $\varphi(x)$，使

$$\varphi(x_i) = y_i, \quad i = 0, 1, \cdots, n \tag{4-1}$$

成立，则称 $\varphi(x)$ 为 $f(x)$ 的插值函数。区间 $[a, b]$ 称为插值区间，$x_i(i = 0, 1, \cdots, n)$ 称为插值节点，条件 $\varphi(x_i) = y_i$ 称为插值条件，求插值函数 $\varphi(x)$ 的方法称为插值法。

简单地说，插值法就是用给定的函数 $f(x)$ 在若干点上的函数值（或其导数值）来构造 $f(x)$ 的近似函数 $\varphi(x)$，要求 $\varphi(x)$ 与 $f(x)$ 在给定点的函数值相等。插值的任务就是由已知的观测点，为物理量（未知量）建立一个简单的、连续的解析模型，

以便能根据该模型推测该物理量在非观测点处的特性。

插值法有很多种，其中以拉格朗日插值和牛顿插值为代表的多项式插值最具代表性，常用的插值还有埃尔米特插值、分段插值和样条插值等。

4.2　多项式插值

常用的插值函数是多项式。多项式插值就是寻找一个次数不超过 n 的多项式的函数

$$P(x) = a_0 + a_1 x + \cdots + a_n x^n \tag{4-2}$$

使

$$P(x_i) = y_i, i = 0, 1, \cdots, n \tag{4-3}$$

成立，其中 a_i（$i = 0, 1, \cdots, n$）为实数。可以根据节点确定系数 $a_0, a_1, \cdots, a_n$ 的 $n+1$ 元线性方程式组，为

$$\begin{cases} a_0 + a_1 x_0 + \cdots + a_n x_0^n = y_0 \\ a_0 + a_1 x_1 + \cdots + a_n x_1^n = y_1 \\ \vdots \\ a_0 + a_1 x_n + \cdots + a_n x_n^n = y_n \end{cases} \tag{4-4}$$

该方程组的系数矩阵为

$$\boldsymbol{A} = \begin{pmatrix} 1 & x_0 & \cdots & x_0^n \\ 1 & x_1 & \cdots & x_1^n \\ \vdots & \vdots & & \vdots \\ 1 & x_n & \cdots & x_n^n \end{pmatrix} \tag{4-5}$$

这是关于 $x_0, x_1, \cdots, x_n$ 的范德蒙德矩阵。由于 $x_0, x_1, \cdots, x_n$ 互异，故

$$\det \boldsymbol{A} = \prod_{\substack{i, j = 0 \\ i > j}}^{n} (x_i - x_j) \neq 0 \tag{4-6}$$

因此，线性方程组解 $a_0, a_1, \cdots, a_n$ 存在且唯一，即满足插值条件的多项式 $P(x)$ 存在且唯一。

4.3　拉格朗日多项式插值法

4.3.1　一次插值（线性插值）

先从最简单的线性插值（$n=1$）开始介绍，这时的插值问题就是求一次多项式。线性插值就是通过两个采样点 (x_0, y_0) 和 (x_1, y_1) 作一直线 $L_1(x) = a_0 + a_1 x$ 来近似代替 $f(x)$，使它满足条件 $L_1(x_0) = y_0, L_1(x_1) = y_1$，如图 4-1 所示。该直线表达式

$L_1(x)$ 即为一次拉格朗日插值多项式。

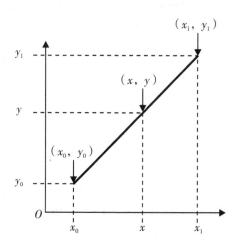

图 4-1　线性插值法的示意

根据插值条件，可以求得 $L_1(x)$ 表达式，为

$$L_1(x) = y_0 + \frac{y_1 - y_0}{x_1 - x_0}(x - x_0) = y_0 \frac{x - x_1}{x_0 - x_1} + y_1 \frac{x - x_0}{x_1 - x_0} \qquad (4-7)$$

记

$$l_0 = \frac{x - x_1}{x_0 - x_1}, \ l_1 = \frac{x - x_0}{x_1 - x_0} \qquad (4-8)$$

则 $L_1(x)$ 就可以表示成 $l_0(x)$ 和 $l_1(x)$ 的线性组合，即

$$L_1(x) = l_0(x)y_0 + l_1(x)y_1 \qquad (4-9)$$

式中，$l_0(x)$，$l_1(x)$ 称为以 x_0，x_1 为节点的插值基函数，满足以下条件：

$$l_0(x_0) = 1, \ l_0(x_1) = 0, \ l_1(x_0) = 0, \ l_1(x_1) = 1 \qquad (4-10)$$

 ### 4.3.2　二次插值（抛物线插值）

当 $n=2$ 时，拉格朗日插值称为抛物线插值或二次插值。抛物线插值的几何意义是过 3 个采样点 (x_0, y_0)，(x_1, y_1) 和 (x_2, y_2) 的抛物线，如图 4-2 所示。若 3 个采样点共线，则 $y = L_2(x)$ 是一条直线，而不是抛物线，此时 $L_2(x)$ 是一次多项式。

首先构造一个二次多项式

$$L_2(x) = a_0 + a_1 x + a_2 x^2 \qquad (4-11)$$

代入插值条件，可得

$$L_2(x) = \frac{(x - x_1)(x - x_2)}{(x_0 - x_1)(x_0 - x_2)}y_0 + \frac{(x - x_0)(x - x_2)}{(x_1 - x_0)(x_1 - x_2)}y_1 + \frac{(x - x_0)(x - x_1)}{(x_2 - x_0)(x_2 - x_1)}y_2$$

$$(4-12)$$

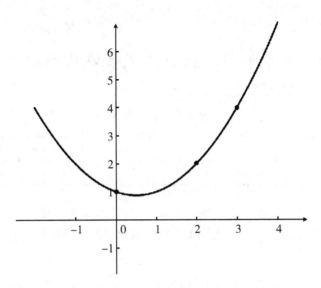

图 4 - 2　抛物线插值的示意

借鉴线性插值思想，如果能构造出三个二次多项式 $l_0(x)$、$l_1(x)$、$l_2(x)$，满足

$$L_2(x) = y_0 l_0(x) + y_1 l_1(x) + y_2 l_2(x) \qquad (4-13)$$

且满足

$$l_0(x_0) = 1, \ l_0(x_1) = 0, \ l_0(x_2) = 0$$
$$l_1(x_0) = 0, \ l_1(x_1) = 1, \ l_1(x_2) = 0$$
$$l_2(x_0) = 0, \ l_2(x_1) = 0, \ l_2(x_2) = 1$$

则可构造出：

$$l_0(x) = \frac{(x-x_1)(x-x_2)}{(x_0-x_1)(x_0-x_2)}, \ l_1(x) = \frac{(x-x_0)(x-x_2)}{(x_1-x_0)(x_1-x_2)},$$
$$l_2(x) = \frac{(x-x_0)(x-x_1)}{(x_2-x_0)(x_2-x_1)} \qquad (4-14)$$

由此可得二次插值多项式 $L_2(x)$ 的表达形式。

例 4.1　给定 $\sin 11° = 0.190809$，$\sin 12° = 0.207912$，$\sin 13° = 0.224951$，求二次插值，并计算 $\sin 11°30'$。

解　由题可知

$$x_0 = 11, x_1 = 12, x_2 = 13$$
$$y_0 = 0.190809, y_1 = 0.207912, y_2 = 0.224951$$

则

$$L_2(x) = \frac{(x-12)(x-13)}{(11-12)(11-13)} 0.190809 + \frac{(x-11)(x-13)}{(12-11)(12-13)} 0.207912$$
$$+ \frac{(x-11)(x-12)}{(13-11)(13-12)} 0.224951$$
$$\sin 11°30' \approx L_2(11.5) = 0.199369$$

4.3.3 拉格朗日插值多项式的通用形式

一般情形的插值节点见表 4-2。

表 4-2 插值节点

x	x_0	x_1	x_2	$\cdots$	x_n
y	y_0	y_1	y_2	$\cdots$	y_n

4.3.1 小节和 4.3.2 小节已经构造了 $n=1,2$ 时的插值多项式 $L_1(x)$，$L_2(x)$，并将其用 $l(x)$ 多项式形式表示。当构造不超过 n 次的插值多项式 $L_n(x)$ 时，也可以将它写成如下形式：

$$L_n(x) = l_0(x)y_0 + l_1(x)y_1 + \cdots + l_n(x)y_n = \sum_{i=0}^{n} y_i l_i(x) \qquad (4-15)$$

其中，$l_i(x)(i=0,1,\cdots,n)$ 都是 n 次多项式，称为拉格朗日插值基函数，为了使 $L_n(x)$ 满足插值条件，即

$$\sum_{i=0}^{n} y_i l_i(x_j) = y_j, \ j = 0,1,\cdots,n \qquad (4-16)$$

且 $l_i(x_j)$ 需要满足

$$l_i(x_j) = \begin{cases} 1, i = j \\ 0, i \neq j \end{cases} \qquad i,j = 0,1,\cdots,n \qquad (4-17)$$

由于 $l_i(x)$ 是 n 次多项式，且节点 $x_i(i=0,1,\cdots,n)$ 都是其零点，故可以设

$$l_i(x) = A_i(x-x_0)(x-x_1)\cdots(x-x_{i-1})(x-x_{i+1})\cdots(x-x_n) \qquad (4-18)$$

其中，A_i 为待定系数，根据插值条件可得

$$A_i = \frac{1}{(x_i-x_0)(x_i-x_1)\cdots(x_i-x_{i-1})(x_i-x_{i+1})\cdots(x_i-x_n)} \qquad (4-19)$$

所以

$$\begin{aligned} l_i(x) &= \frac{(x-x_0)(x-x_1)\cdots(x-x_{i-1})(x-x_{i+1})\cdots(x-x_n)}{(x_i-x_0)(x_i-x_1)\cdots(x_i-x_{i-1})(x_i-x_{i+1})\cdots(x_i-x_n)} \\ &= \prod_{\substack{j=0 \\ j\neq i}}^{n} \frac{(x-x_j)}{(x_i-x_j)} \end{aligned} \qquad (4-20)$$

$$L_n(x) = \sum_{i=0}^{n} y_i l_i(x) = \sum_{i=0}^{n} y_i \left(\prod_{\substack{j=0 \\ j\neq i}}^{n} \frac{x-x_j}{x_i-x_j} \right) \qquad (4-21)$$

引入记号

$$\omega(x) = (x-x_0)(x-x_1)\cdots(x-x_n) = \prod_{j=0}^{n}(x-x_j) = (x-x_i)\prod_{\substack{j=0 \\ j\neq i}}^{n}(x-x_j)$$

$$\qquad (4-22)$$

则

$$\omega'(x) = \prod_{\substack{j=0 \\ j \neq i}}^{n} (x - x_j) + (x - x_i) \frac{\mathrm{d}}{\mathrm{d}x} \left[\prod_{\substack{j=0 \\ j \neq i}}^{n} (x - x_j) \right] \qquad (4-23)$$

得

$$\omega'(x_i) = \prod_{\substack{j=0 \\ j \neq i}}^{n} (x_i - x_j) \qquad (4-24)$$

可以将 $L_n(x)$ 改写为

$$L_n(x) = \sum_{i=0}^{n} \frac{\omega(x)}{(x - x_i) \omega'(x_i)} y_i \qquad (4-25)$$

例 4.2 已知插值点 $(-2.00, 17.00)$，$(0.00, 1.00)$，$(1.00, 2.00)$，$(2.00, 17.00)$，求三次插值，并计算 $f(0.6)$。

解　先计算 4 个节点上的基函数

$$l_0(x) = \frac{(x - x_1)(x - x_2)(x - x_3)}{(x_0 - x_1)(x_0 - x_2)(x_0 - x_3)}$$

$$= \frac{(x - 0)(x - 1.00)(x - 2.00)}{(-2.00 - 0)(-2.00 - 1.00)(-2.00 - 2.00)} = -\frac{1}{24}x(x - 1)(x - 2)$$

$$l_1(x) = \frac{(x - x_0)(x - x_2)(x - x_3)}{(x_1 - x_0)(x_1 - x_2)(x_1 - x_3)} = \frac{1}{4}(x + 2)(x - 1)(x - 2)$$

$$l_2(x) = \frac{(x - x_0)(x - x_1)(x - x_3)}{(x_2 - x_0)(x_2 - x_1)(x_2 - x_3)} = -\frac{1}{3}(x + 2)x(x - 2)$$

$$l_3(x) = \frac{(x - x_0)(x - x_1)(x - x_2)}{(x_3 - x_0)(x_3 - x_1)(x_3 - x_2)} = \frac{1}{8}(x + 2)x(x - 1)$$

三次拉格朗日插值多项式为

$$L_3(x) = -\frac{17}{24}x(x - 1)(x - 2) + \frac{1}{4}(x + 2)(x - 1)(x - 2)$$

$$- \frac{2}{3}(x + 2)x(x - 2) + \frac{17}{8}(x + 2)x(x - 1)$$

因此，$f(0.6) \approx L_3(0.6) = 0.256$。

4.3.4　插值余项与误差估计

插值多项式与被插值函数之间的差称为截断误差，又称为插值余项。在 $[a, b]$ 上用 $L_n(x)$ 近似 $f(x)$，其截断误差记为 $R_n(x) = f(x) - L_n(x)$，对于插值余项估计有如下定理。

定理 4.1　设 $f^{(n)}(x)$ 在 $[a, b]$ 上连续且 $f^{(n+1)}(x)$ 在 (a, b) 内存在，则对 $\forall x \in [a, b]$ 都存在 $\xi \in [a, b]$，使

$$R_n(x) = f(x) - L_n(x) = \frac{f^{(n+1)}(\xi)}{(n+1)!} \prod_{i=0}^{n} (x - x_i) = \frac{f^{(n+1)}(\xi)}{(n+1)!} \omega(x)$$

$$(4-26)$$

其中，$\xi \in (a,b)$ 且依赖于 x。

证明 由插值条件可知，$R_n(x)$ 在节点 $x_i(i = 0,1,2,\cdots,n)$ 上为零，即

$$R_n(x_i) = 0, \quad i = 0,1,2,\cdots,n$$

令

$$R_n(x) = k(x)(x - x_0)(x - x_1)\cdots(x - x_n)$$

作辅助函数

$$\Psi(t) = f(t) - L_n(t) - k(x)(t - x_0)(t - x_1)\cdots(t - x_n)$$

根据插值条件及余项定义，显然，$\Psi(t)$ 在 $[a,b]$ 区间有 $n + 2$ 个零点 x_0，x_1，$\cdots$，x_n，x。根据罗尔定理，$\Psi'(t)$ 在 $\Psi(t)$ 的两个零点之间至少有一个零点，故 $\Psi'(t)$ 在 $[a,b]$ 区间至少有 $n + 1$ 个零点。对 $\Psi'(t)$ 再应用罗尔定理，可知 $\Psi''(t)$ 在 $[a,b]$ 区间至少有 n 个零点。以此类推，$\Psi^{(n+1)}(t)$ 在 (a,b) 内至少有一个零点，记作 $\xi \in (a,b)$，则

$$\Psi^{(n+1)}(\xi) = f^{(n+1)}(\xi) - (n + 1)!k(x) = 0$$

于是

$$k(x) = \frac{f^{(n+1)}(\xi)}{(n + 1)!}$$

其中，$\xi \in (a,b)$ 且依赖于 x。

将 $k(x)$ 代入，可得余项表达式。证毕。

由于 ξ 在 (a,b) 内的位置常不可能给出，故常计算 $L_n(x)$ 逼近 $f(x)$ 的截断误差限，为

$$|R_n(x)| \leqslant \frac{\max\limits_{a \leqslant x \leqslant b} f^{(n+1)}(x)}{(n + 1)!} |(x - x_0)(x - x_1)\cdots(x - x_n)| \qquad (4 - 27)$$

例 4.3 已知 $f(x)$ 满足 $f(144) = 12$，$f(169) = 13$，$f(225) = 15$，作 $f(x)$ 的一次、二次拉格朗日插值多项式，求 $f(175)$ 的近似值，并估计误差。

解 已知

$$x_0 = 144, x_1 = 169, x_2 = 225$$
$$y_0 = 12, y_1 = 13, y_2 = 15$$

（1）一次拉格朗日插值。

由于插值点 175 在 $x_1 = 169$ 与 $x_2 = 225$ 之间，因此取 $x_1 = 169$ 与 $x_2 = 225$ 为线性插值节点。那么，线性拉格朗日插值基函数为

$$l_1(x) = \frac{x - x_2}{x_1 - x_2} = \frac{x - 225}{-56}, \quad l_2(x) = \frac{x - x_1}{x_2 - x_1} = \frac{x - 169}{56}$$

线性差值多项式为

$$L_1(x) = y_1 l_1(x) + y_2 l_2(x) = 13 \cdot \frac{x - 225}{-56} + 15 \cdot \frac{x - 169}{56}$$

因此，$f(175) \approx 13 \cdot \dfrac{175 - 225}{-56} + 15 \cdot \dfrac{175 - 169}{56} = 13.21428571$。

（2）二次拉格朗日插值。

$f(x)$ 的二次拉格朗日插值基函数为

$$l_0(x) = \frac{(x - x_1)(x - x_2)}{(x_0 - x_1)(x_0 - x_2)} = \frac{(x - 169)(x - 225)}{2025}$$

$$l_1(x) = \frac{(x - x_0)(x - x_2)}{(x_1 - x_0)(x_1 - x_2)} = \frac{(x - 144)(x - 225)}{-1400}$$

$$l_2(x) = \frac{(x - x_0)(x - x_1)}{(x_2 - x_0)(x_2 - x_1)} = \frac{(x - 144)(x - 169)}{4536}$$

故 $f(x)$ 的二次插值多项式为

$$L_2(x) = y_0 l_0(x) + y_1 l_1(x) + y_2 l_2(x)$$

因此，$f(175) \approx L_2(175) = 12 l_0(175) + 13 l_1(175) + 15 l_2(175) = 13.23015873$。

（3）误差估计。

设 $R_1(x)$ 为拉格朗日线性插值多项式的余项，$R_2(x)$ 为二次拉格朗日插值多项式的余项。

已知 $f(x) = \sqrt{x}$，得

$$f'(x) = \frac{1}{2\sqrt{x}}, \quad f''(x) = -\frac{1}{4}x^{-\frac{3}{2}}, \quad f'''(x) = \frac{3}{8}x^{-\frac{5}{2}}$$

$$M_2 = \max_{169 \leq x \leq 225}|f''(x)| = |f''(225)| \leq 7.41 \times 10^{-5}$$

$$M_3 = \max_{144 \leq x \leq 225}|f'''(x)| = |f'''(144)| \leq 1.51 \times 10^{-6}$$

$$|\omega_2(175)| = |(175 - 169) \times (175 - 225)| = 300$$

$$|\omega_3(175)| = |(175 - 144) \times (175 - 169) \times (175 - 225)| = 9300$$

$$|R_1(175)| \leq \frac{1}{2!}M_2|\omega_2| \leq \frac{1}{2} \times 7.41 \times 10^{-5} \times 300 \leq 1.12 \times 10^{-2}$$

$$|R_2(175)| \leq \frac{1}{3!}M_3|\omega_3| \leq \frac{1}{6} \times 1.51 \times 10^{-6} \times 9300 \leq 2.35 \times 10^{-3}$$

从以上分析可知，在求 $\sqrt{175}$ 时，用二次拉格朗日插值比线性拉格朗日插值的误差更小。

4.3.5　程序框图和计算程序

基于拉格朗日多项式插值法的计算过程，设计程序框图，如图 4-3 所示。

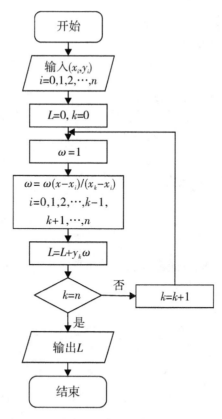

图 4-3 拉格朗日插值法的程序框图示意

与图 4-3 相对应的 MATLAB 计算程序如下：

```
% lagrange. m
function y = lagrange( x0 , y0 , x)
n = length( x0) ; m = length( x) ;
for j = 1 : m
  z = x(j) ; L = 0 ;
  for k = 1 : n
    w = 1 ;
    for i = 1 : n
      if i ~ = k
        w = w *( z - x0(i) )/( x0(k) - x0(i) ) ;
      end
    end
    L = L + w *y0(k) ;
  end
```

y(j) = L;

end

　　例 4.4　从手册中查到水在不同温度（T）时的导热系数（λ）的数据见表 4 – 3，试用拉格朗日多项式插值法分别计算水在 8 ℃、25 ℃、56 ℃、73 ℃、96 ℃时的热导率数值。

表 4 – 3　水在不同温度时的导热系数

$T/℃$	$\lambda/[\mathrm{W} \cdot (\mathrm{m} \cdot \mathrm{K})^{-1}]$	$T/℃$	$\lambda/[\mathrm{W} \cdot (\mathrm{m} \cdot \mathrm{K})^{-1}]$
0	0.553	60	0.659
20	0.599	80	0.675
40	0.634	100	0.683

　　解　调用 MATLAB 计算程序，具体如下：

T0 = [0,20,40,60,80,100];

K0 = [0.553,0.599,0.634,0.659,0.675,0.683];

T = [8,25,56,73,96];

K = lagrange(T0,K0,T);

% T0 和 K0 分别表示样本点温度和导热系数；

% T 和 K 分别表示插值点温度和导热系数。

[T;K]

执行结果如下：

ans =

8.0000　　25.0000　　56.0000　　73.0000　　96.0000

0.5728　　0.6087　　0.6548　　0.6704　　0.6820

4.4　牛顿多项式插值法

4.4.1　差商的定义及性质

　　设节点 $x_0, x_1, \cdots, x_n$ 处的函数值分别为 $f(x_0), f(x_1), \cdots, f(x_n)$，称

$$f[x_0, x_1] = \frac{f(x_0) - f(x_1)}{x_0 - x_1} \tag{4 – 28}$$

为 $f(x)$ 关于点 x_0，x_1 的一阶差商，记为 $f[x_0, x_1]$。

　　$f(x)$ 关于点 x_0，x_1，x_2 的二阶差商为

$$f[x_0, x_1, x_2] = \frac{f[x_0, x_1] - f[x_1, x_2]}{x_0 - x_2} \tag{4 – 29}$$

一般地，k 阶差商 $f[x_0,x_1,\cdots,x_k]$ 定义为

$$f[x_0,x_1,\cdots,x_{k-1},x_k] = \frac{f[x_0,x_1,\cdots,x_{k-1}] - f[x_1,x_2,\cdots,x_k]}{x_0 - x_k} \qquad (4-30)$$

一阶差商是由节点上的函数值定义的，二阶差商是由一阶差商定义的，依此构造各阶差商，见表 4-4。

表 4-4　差商

i	x_i	$f(x_i)$	一阶差商	二阶差商	三阶差商	$\cdots$	n 阶差商
0	x_0	$f(x_0)$					
1	x_1	$f(x_1)$	$f[x_0,x_1]$				
2	x_2	$f(x_2)$	$f[x_1,x_2]$	$f[x_0,x_1,x_2]$			
3	x_3	$f(x_3)$	$f[x_2,x_3]$	$f[x_1,x_2,x_3]$	$f[x_0,x_1,x_2,x_3]$		
$\cdots$	$\cdots$	$\cdots$	$\cdots$	$\cdots$	$\cdots$		
n	x_n	$f(x_n)$	$f[x_{n-1},x_n]$	$f[x_{n-2},x_{n-1},x_n]$	$f[x_{n-3},\cdots,x_n]$	$\cdots$	$f[x_0,x_1,\cdots,x_n]$

根据差商的定义，可以推知其具有以下差性质。

性质 4.1　k 阶差商 $f[x_0,x_1,\cdots,x_k]$ 可以表示成节点上函数值 $f(x_0)$，$f(x_1)$，$\cdots$，$f(x_k)$ 的线性组合，即

$$f[x_0,x_1,\cdots,x_k] = \sum_{i=0}^{k} \frac{1}{(x_i-x_0)\cdots(x_i-x_{i-1})(x_i-x_{i+1})\cdots(x_i-x_k)} f(x_i) \qquad (4-31)$$

例如，当 $k=2$ 时，有

$$f[x_0,x_1,x_2] = \frac{f[x_0,x_1] - f[x_1,x_2]}{x_0 - x_2}$$

$$= \frac{f(x_0)}{(x_0-x_1)(x_0-x_2)} + \frac{f(x_1)}{(x_1-x_0)(x_1-x_2)} + \frac{f(x_2)}{(x_2-x_0)(x_2-x_1)}$$

性质 4.2　各阶差商具有对称性，即改变差商中节点的次序不会改变差商的值。设 $i_0,i_1,\cdots,i_k$ 为 $0,1,\cdots,k$ 的任一排列，则

$$f[x_0,x_1,\cdots,x_k] = f[x_{i_0},x_{i_1},\cdots,x_{i_k}] \qquad (4-32)$$

由性质 4.1 知，任意改变节点的次序，只改变右端求和的次序，故其值不变。例如，由定义知 $f[x_0,x_1] = \dfrac{f(x_0) - f(x_1)}{x_0 - x_1} = f[x_1,x_0]$。

性质 4.3　若 $f(x)$ 为 n 次多项式，则一阶差商 $f[x,x_i]$ 为 $n-1$ 次多项式。由定义，有 $f[x,x_i] = \dfrac{f(x) - f(x_i)}{x - x_i}$。令 $x=x_i$，则 $f(x)=f(x_i)$，$f(x)-f(x_i)$ 必有根 x_i，可写成

$$f(x) - f(x_i) = (x - x_i)f_{n-1}(x)$$

其中，$f_{n-1}(x)$ 为 $n-1$ 次多项式。由此得

$$f[x, x_i] = \frac{f(x) - f(x_i)}{x - x_i} = f_{n-1}(x)$$

即 $f[x, x_i]$ 为 $n-1$ 次多项式。

性质 4.4　若 $f(x)$ 在 $[a, b]$ 存在 $n+1$ 阶导数，$x_i \in [a, b], i = 0, 1, \cdots, n$，固定 $x \in [a, b]$，则 $n+1$ 阶差商与导数存在如下关系：

$$f[x, x_0, x_1, \cdots, x_n] = \frac{f^{(n+1)}(\xi)}{(n+1)!}, \quad \xi \in (a, b) \tag{4-33}$$

例 4.5　已知 $f(x) = x^7 - x^4 + 3x + 1$，求 $f[2^0, 2^1]$，$f[x, 2^0, 2^1, \cdots, 2^6]$ 和 $f[x, 2^0, 2^1, \cdots, 2^7]$。

解　根据定义，得

$$f[2^0, 2^1] = \frac{f(1) - f(2)}{1 - 2} = \frac{4 - 119}{-1} = 115$$

显然，$f^{(7)}(x) = 7!$，$f^{(8)}(x) = 0$，由性质 4.4 得

$$f[x, 2^0, 2^1, \cdots, 2^6] = \frac{f^{(7)}(\zeta)}{7!} = 1$$

$$f[x, 2^0, 2^1, \cdots, 2^7] = \frac{f^{(8)}(\eta)}{8!} = 0$$

4.4.2　牛顿插值

拉格朗日插值多项式形式对称，计算较方便，但由于 $L(x)$ 依赖于全部基点，若算出所有 $L(x)$ 后又需要增加基点，则必须重新计算。可以寻找新的基函数组，使当节点增加时，只需在原有基函数的基础上再增加一些新的基函数即可，这样，原有的基函数仍然可以使用。基于这种基函数的选取方法，我们还能设计一个可以逐次生成插值多项式的算法，体现递归的思想。对此，我们引进了牛顿差商插值多项式，为了使插值牛顿多项式具有承袭性，令插值函数具有下列形式：

$$\begin{aligned}
N_n(x) &= c_0\varphi_0 + c_1\varphi_1 + \cdots + c_n\varphi_n \\
&= c_0 + c_1(x - x_0) + \cdots + c_n(x - x_0)(x - x_1)\cdots(x - x_{n-1}), \\
&\quad \varphi_0(x) = 1, \varphi_i(x) = (x - x_{i-1})\varphi_{i-1}(x), 1 \leq i \leq n \tag{4-34}
\end{aligned}$$

其中，$\varphi_i(x)$ 为牛顿插值基函数；$N_n(x)$ 为牛顿插值多项式。

对于线性插值，给定两个插值点 $(x_0, f(x_0))$，$(x_1, f(x_1))$，$x_0 \neq x_1$，设

$$N_1(x) = a_0 + a_1(x - x_0)$$

代入插值点，得

$$a_0 = f(x_0), \quad a_1 = \frac{f(x_0) - f(x_1)}{x_0 - x_1} = f[x_0, x_1]$$

于是，得线性牛顿插值公式，为

$$N_1(x) = f(x_0) + f[x_0, x_1](x - x_0)$$

对于二次牛顿插值，给定三个互异插值点 $(x_i, f(x_i))$，$i = 0,1,2$，设

$$N_2(x) = a_0 + a_1(x - x_0) + a_2(x - x_0)(x - x_1)$$

代入插值条件 $N_2(x_i) = f(x_i)$，$i = 0,1,2$，得

$$a_0 = f(x_0), \quad a_1 = f[x_0, x_1],$$

$$a_2 = \frac{f(x_2) - f(x_0) - f[x_0, x_1](x_2 - x_0)}{(x_2 - x_0)(x_2 - x_1)}$$

$$= \frac{f[x_0, x_2] - f[x_0, x_1]}{x_2 - x_1} = f[x_0, x_1, x_2]$$

二次牛顿插值公式为：

$$N_2(x) = f(x_0) + f[x_0, x_1](x - x_0) + f[x_0, x_1, x_2](x - x_0)(x - x_1)$$

同理可求 n 次牛顿插值公式。给定 $n+1$ 个互异插值点 $(x_i, f(x_i))$，$i = 0,1,$ $2,\cdots,n$，由二阶至 n 阶差商的定义，得

$$f(x) = f(x_0) + (x - x_0)f[x, x_0]$$

$$f[x, x_0] = f[x_0, x_1] + (x - x_1)f[x, x_0, x_1]$$

$$f[x, x_0, x_1] = f[x_0, x_1, x_2] + (x - x_2)f[x, x_0, x_1, x_2]$$

$$\cdots\cdots$$

$$f[x, x_0, \cdots, x_{n-1}] = f[x_0, x_1, \cdots, x_n] + (x - x_n)f[x, x_0, \cdots, x_n]$$

将上述 $n+1$ 个等式逐式代入，得

$$f(x) = f(x_0) + (x - x_0)f[x_0, x_1] + (x - x_0)(x - x_1)f[x_0, x_1, x_2]$$

$$+ \cdots + (x - x_0)(x - x_1)\cdots(x - x_{n-1})f[x_0, x_1, \cdots, x_n]$$

$$+ (x - x_0)(x - x_1)\cdots(x - x_n)f[x, x_0, x_1, \cdots, x_n]$$

$$\triangleq N_n(x) + R_n(x)$$

由此可得 n 次牛顿插值公式为

$$N_n(x) = f(x_0) + (x - x_0)f[x_0, x_1] + (x - x_0)(x - x_1)f[x_0, x_1, x_2]$$

$$+ \cdots + (x - x_0)(x - x_1)\cdots(x - x_{n-1})f[x_0, x_1, \cdots, x_n] \tag{4-35}$$

误差项为

$$R_n(x) = (x - x_0)(x - x_1)\cdots(x - x_n)f[x, x_0, x_1, \cdots, x_n]$$

$$= f[x, x_0, x_1, \cdots, x_n]\prod_{i=0}^{n}(x - x_i) \tag{4-36}$$

引入记号

$$f[x_0] = f(x_0), t_0(x) = 1, t_1(x) = x - x_0, t_2(x) = (x - x_0)(x - x_1), \cdots,$$

$$t_n(x) = (x - x_0)(x - x_1)\cdots(x - x_{n-1})$$

则 n 次牛顿插值公式可以表示为

$$N_n(x) = t_0(x)f[x_0] + t_1(x)f[x_0, x_1] + \cdots + t_n(x)f[x_0, x_1, \cdots, x_n]$$

$$= \sum_{i=0}^{n} t_i(x)f[x_0, \cdots, x_i] \tag{4-37}$$

称 $t_0(x), t_1(x), t_2(x), \cdots, t_n(x)$ 为牛顿插值的基函数，而且满足如下关系：

$$t_i(x) = t_{i-1}(x)(x - x_{i-1}), i = 0, 1, 2, \cdots, n$$

$$\begin{cases} t_i(x_j) = 0, j < i \\ t_i(x_j) \neq 0, j \geq i \end{cases} \qquad (4-38)$$

牛顿插值具有承袭性质，即

$$N_k(x) = N_{k-1}(x) + t_k(x)f[x_0, x_1, \cdots, x_k] \qquad (4-39)$$

牛顿插值的误差不要求函数的高阶导数存在，因此更具有一般性。它对于 $f(x)$ 是由离散点给出的函数情形或 $f(x)$ 的导数不存在的情形均适用。

例 4.6　给定 $f(x) = \ln x$ 的数据，见表 4-5。

表 4-5　$f(x) = \ln x$ 数据

x_i	2.20	2.40	2.60	2.80	3.00
$f(x_i)$	0.78846	0.87547	0.95551	1.02962	1.09861

（1）构造差商表。

（2）用二次牛顿差商插值多项式，近似计算 $f(2.65)$ 的值。

（3）写出四次牛顿差商插值多项式 $N_4(x)$。

解　构造各阶差商，见表 4-6。

表 4-6　差商

x_i	$f[x_i]$	一阶差商	二阶差商	三阶差商	四阶差商
2.20	0.78846	—	—	—	—
2.40	0.87547	0.43505	—	—	—
2.60	0.95551	0.40020	0.08713	—	—
2.80	1.02962	0.37055	0.07413	0.02167	—
3.00	1.09861	0.34495	0.06400	0.01688	0.00599

根据表 4-6，可知

$$N_2(x) = 0.87547 + 0.40020(x - 2.40) - 0.07413(x - 2.40)(x - 2.60)$$

$$f(2.65) \approx N_2(2.65) = 0.97459$$

$$N_4(x) = 0.78846 + 0.43505(x - 2.20) - 0.08713(x - 2.20)(x - 2.40)$$

$$+ 0.02167(x - 2.20)(x - 2.40)(x - 2.60) - 0.00599(x - 2.20) \cdot$$

$$(x - 2.40)(x - 2.60)(x - 2.80)$$

例 4.7　使用普遍化压缩因子关联方法计算 510 K、2.5 MPa 下正丁烷摩尔体积时需要取得 $T_r = 1.2$，$P_r = 0.658$ 时的普遍化压缩因子 $Z^{(0)}$，$Z^{(1)}$，其中 $Z^{(0)}$，$Z^{(1)}$ 均是关于 T_r，P_r 的复杂函数。对于 $Z^{(0)}$，查压缩因子表得到的结果见表 4-7。

表4-7 $Z^{(0)}$的值

P_r	$Z^{(0)}$
0.100	0.9808
0.200	0.9611
0.400	0.9205
0.600	0.8779
0.800	0.8330
1.000	0.7858
1.200	0.7363
1.500	0.6605
2.000	0.5605
3.000	0.5425

试通过二次拉格朗日插值、二次牛顿插值法计算 $Z^{(0)}(0.658)$。

解 （1）取 $P_r = 0.400$、0.600、0.800 作为插值节点。

二次拉格朗日插值表达式如下：

$$l_0 Z_0^{(0)} = \frac{(P_r - P_{r1})(P_r - P_{r2})}{(P_{r0} - P_{r1})(P_{r0} - P_{r2})} \times 0.9205 = \frac{(P_r - 0.600)(P_r - 0.800)}{0.0800} \times 0.9205$$

$$l_1 Z_1^{(0)} = \frac{(P_r - P_{r0})(P_r - P_{r2})}{(P_{r1} - P_{r0})(P_{r1} - P_{r2})} \times 0.8779 = \frac{(P_r - 0.400)(P_r - 0.800)}{-0.0400} \times 0.8779$$

$$l_2 Z_2^{(0)} = \frac{(P_r - P_{r0})(P_r - P_{r1})}{(P_{r2} - P_{r0})(P_{r2} - P_{r1})} \times 0.8330 = \frac{(P_r - 0.400)(P_r - 0.600)}{0.0800} \times 0.8330$$

求得 $Z^{(0)}(0.658) = 0.865115785$。

（2）取 $P_r = 0.400, 0.600, 0.800$ 作为插值节点，差商见表4-8。

表4-8 差商

P_r	$Z^{(0)}$	一阶差商	二阶差商
0.400	0.9205	—	
0.600	0.8779	-0.2130	—
0.800	0.8330	-0.2245	-0.02875

$$N_2(x) = 0.9205 - 0.2130(P_r - 0.400) - 0.02875(P_r - 0.400)(P_r - 0.600)$$

求得 $Z^{(0)}(0.658) = 0.865115785$。

该结果与拉格朗日插值结果完全一致，证明了插值的唯一性。

4.4.3　程序框图和计算程序

基于牛顿插值法的计算过程，设计程序框图，如图 4 - 4 所示。

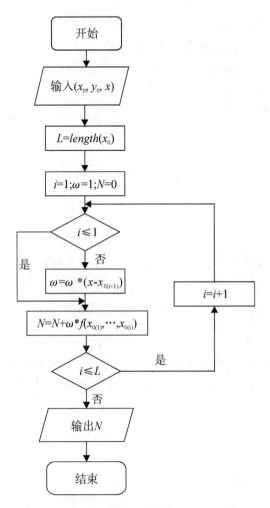

图 4 - 4　牛顿插值法的程序框图示意

与图 4 - 4 相对应的 MATLAB 计算程序如下 :

```
% newton. m
function y = newton(x0,y0,x)
L = length(x0);L1 = length(x);
for i = 1 : L1
    N = 0;
    b = 1;
```

```
for j = 1 : L
    a = 0 ;
    for k = 1 : j
        w = 1 ;
        for m = 1 : j
            if k ~ = m
                w = w * ( x0 ( k ) - x0 ( m ) ) ;
            end
        end
        a = a + y0 ( k ) / w ;
    end
    if j < = 1
        b = b * 1 ;
    else
        b = b * ( x ( i ) - x0 ( j - 1 ) ) ;
    end
    N = N + a * b ;
    y ( i ) = N
end
disp ( y )
end
```

例 4.8 已知某转子流量计在 $100 \sim 1000$ mL/min 流量范围内,其刻度值与校正值有表 4-9 所列的关系。试用线性插值法计算流量计的刻度值为 785 时,实际流量为多少。

表 4-9 刻度值与校正值

刻度值	校正值	刻度值	校正值
100	105.3	600	605.8
200	207.2	700	707.4
300	308.1	800	806.7
400	406.9	900	908.0
500	507.5	1000	1007.9

解 调用 MATLAB 计算程序,具体如下:

X = [100,200,300,400,500,600,700,800,900,1000] ;

Y = [105.3,207.2,308.1,406.9,507.5,605.8,707.4,806.7,908.0,1007.9] ;

% X 和 Y 分别表示样本点的刻度值和校正值；

% Xk 和 Yk 分别表示插值点的刻度值和校正值。

Xk = 785；

Yk = newton (X , Y , Xk)

执行结果如下：

Yk =

　　785.6842

4.5　分段低次插值

4.5.1　多项式插值的龙格现象

拉格朗日插值多项式次数越高，被插函数节点信息越多，理应误差越小。可事实并非如此，龙格在研究使用多项式插值逼近特定函数的误差过程中发现用高阶多项式进行多项式插值时，区间边缘会出现误差无穷大的现象。

例如，设被插函数为 $f(x) = 1/(1 + 25x^2)$，$-1 \leq x \leq 1$，取等距节点 $x_i = -1 + 2i/n(i = 0,1,\cdots,n)$ 作拉格朗日插值多项式。当 $n = 10$ 时，函数 $y = f(x)$ 及插值多项式 $y = L_{10}(x)$ 的图形如图 4 - 5 所示。由图 4 - 5 可知，在区间 $[-0.2, 0.2]$ 上 $L_{10}(x)$ 比较接近 $f(x)$，但在区间 $[-1, 1]$ 两端则误差很大。当 n 继续增大时，部分区间上插值多项式误差偏大的现象更严重，这种现象称为龙格现象。

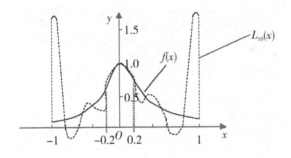

图 4 - 5　龙格现象

当 n 很大时，数据的误差可能给插值多项式的计算结果带来很大误差，引起龙格现象，也可以说是拉格朗日插值法的不稳定现象。龙格现象说明插值多项式的次数并非越高越好，为避免龙格现象，通常限定 $n < 7$。

为避免拉格朗日插值法的不稳定现象，提高插值精度，我们需要尽可能地控制插值余项的大小。通常，插值余项由两部分组成，即 $f(x)$ 的导数和 $\omega_{n+1}(x)$。因为 $f(x)$ 是给定的，因此其导数值也是确定的，所以我们只能想办法尽量降低

$\max\limits_{a \le x \le b} |\omega(x)|$ 的大小。一个切实可行的方法就是分段插值法,即将插值区间分割成若干小区间,然后在每个小区间上进行低次插值。分段低次插值多项式的误差小于高次多项式,插值常用的分段插值法有分段线性插值和分段三次埃尔米特插值。

4.5.2 分段线性插值法

设插值节点为 x_i,函数值为 $y_i(i = 0,1,\cdots,n)$,任取两相邻的节点 x_i 和 x_{i+1},形成插值区间 $[x_i, x_{i+1}]$,则

$$L_i^{(i)}(x) = y_i l_i(x) + y_{i+1} l_{i+1}(x)$$

$$= y_i \frac{x - x_{i+1}}{x_i - x_{i+1}} + y_{i+1} \frac{x - x_i}{x_{i+1} - x_i}, \quad i = 0,1,\cdots,n-1 \qquad (4-40)$$

$$\tilde{L}_1(x) = \begin{cases} L_1^{(0)}(x), & x_0 \le x \le x_1 \\ L_1^{(1)}(x), & x_1 \le x \le x_2 \\ \vdots & \\ L_1^{(n-1)}(x), & x_{n-1} \le x \le x_n \end{cases} \qquad (4-41)$$

故

$$\tilde{L}_1(x_i) = y_i, \quad i = 0,1,\cdots,n \qquad (4-42)$$

由式(4-42)构成的插值多项式 $\tilde{L}_1(x_i)$ 称为分段线性拉格朗日插值多项式。分段线性插值简单易用,但插值函数在插值节点不可导。

分段线性插值也可以写成

$$\tilde{L}_1(x) = \begin{cases} L_1^{(i)}(x), & x \in [x_i, x_{i+1}] \\ 0, & x \notin [x_i, x_{i+1}] \end{cases} \quad i = 0,1,2,\cdots,n \qquad (4-43)$$

$\tilde{L}_1(x)$ 的图形是一条以 $(x_i, f(x_i))$ 为折点的折线。

用分段线性插值逼近 $f(x) = \dfrac{1}{1 + 25x^2}$,$x \in [-1,1]$,取 $n = 10$,效果如图 4-6 所示。

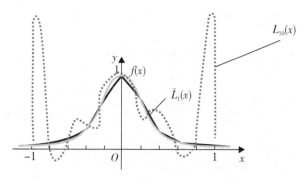

图 4-6　分段线性插值解决龙格现象

4.5.3　分段三次埃尔米特插值法

实际应用中分段线性插值法往往太过简单，很可能与实际曲线不太相符，也很少有这种纯线性的函数关系。因此，我们可以使用一些较高阶的多项式进行插值，如分段三次埃尔米特插值。

1. 埃尔米特插值

设 $f(x)$ 具有一阶连续导数，已知节点上的函数值和导数值，即 $(x_i, f(x_i))$，$(x_i, f'(x_i))$，$i = 0,1,2,\cdots,n$，若存在 $2n+1$ 次多项式 $H_{2n+1}(x)$ 满足

$$H_{2n+1}(x_i) = f(x_i), H'_{2n+1}(x_i) = f'(x_i), i = 0,1,2,\cdots,n \qquad (4-44)$$

则称 $H_{2n+1}(x)$ 为 $f(x)$ 关于节点 $\{x_i\}$（$i = 0,1,2,\cdots,n$）的埃尔米特插值多项式。记

$$f(x_i) = y_i, f'(x_i) = m_i, i = 0,1,2,\cdots,n \qquad (4-45)$$

2. 分段三次埃尔米特插值

假设 $x,x_0,x_1,\cdots,x_n$ 是 $[a,b]$ 之间的互异节点，已知函数 $y = f(x)$ 在区间 $[a,b]$ 上的 $n+1$ 个节点上的函数值和导数值分别为 $y_i = f(x_i)$ 和 $y'_i = f'(x_i)$，则可以构造出一个导数连续的分段插值函数 $I(x)$，它要求满足：

（1）$I(x)$ 在 $[a,b]$ 上一阶可导；

（2）$I(x_i) = f(x_i)$，$I'(x_i) = f'(x_i)$；

（3）在每个小区间 $[x_i, x_i+1]$ 上 $I(x)$ 是三次多项式。

满足以上三个条件的插值函数称为分段三次埃尔米特插值函数。根据两点三次插值多项式，$I(x)$ 在区间 $[x_k, x_{k+1}]$ 的表达式为

$$I(x) = \left(1 + 2\frac{x - x_k}{x_{k+1} - x_k}\right)\left(\frac{x - x_{k+1}}{x_k - x_{k+1}}\right)^2 f_k + \left(1 + 2\frac{x - x_{k+1}}{x_k - x_{k+1}}\right)\left(\frac{x - x_k}{x_{k+1} - x_k}\right)^2 f_{k+1}$$

$$+ (x - x_k)\left(\frac{x - x_{k+1}}{x_k - x_{k+1}}\right)^2 f'_k + (x - x_{k+1})\left(\frac{x - x_k}{x_{k+1} - x_k}\right)^2 f'_{k+1} \qquad (4-46)$$

三次埃尔米特插值相较于线性插值有两个特点：一是它不仅要求插值函数过相应的已知点，还要求函数曲线在已知点处的一阶导数值等于原函数的导数值，这也是三次埃尔米特插值在已知点处更为平滑的原因，且与原曲线更为相近，具有更高的精度；二是它使用三次多项式作为每一个小段的插值多项式，相较于线性函数，三次多项式更为平滑。

4.5.4　三次样条插值法

样条插值是使用一种名为样条的特殊分段多项式进行插值的形式。由于样条插值可以使用低阶多项式样条实现较小的插值误差，因此避免了使用高阶多项式所出现的

龙格现象。样条曲线就是把一根具有弹性的细长样条在几个样点处用压铁压住，其余位置自由弯曲，这样，由样条形成的曲线就称为样条曲线。样条曲线实际上是由分段三次曲线连接而成的，且在连接点处具有连续的二阶导数，从数学上加以概括就得到三次样条的概念。

已知互异节点 $a = x_0 < x_1 < \cdots < x_n = b$ 上的值为 $f(x_k) = y_k (k = 0,1,2,\cdots,n)$，若构造一个函数 $S(x)$ 使其满足以下条件：

（1）$S(x)$ 在每个小区间 $[x_k, x_{k+1}](k = 0,1,2,\cdots,n-1)$ 上是三次多项式；

（2）$S(x)$ 在区间 (a,b) 上存在二阶连续导数；

（3）$S(x_k) = y_k (k = 0,1,2,\cdots,n-1)$。

则称 $S(x)$ 为在节点 $x, x_0, x_1, \cdots, x_n$ 上 $f(x)$ 的三次样条插值函数。

可以将 $S(x)$ 在小区间 $[x_k, x_{k+1}]$ 上的表达式记为 $s_k(x)$，即

$$S(x) = s_k(x), \quad x \in [x_k, x_{k+1}], \quad k = 0,1,2,\cdots,n-1 \qquad (4-47)$$

其中，$s_k(x)$ 为三次多项式且满足

$$s_k(x_k) = f_k, \quad s_k(x_{k+1}) = f_{k+1}$$

故

$$S(x) = \begin{cases} s_0(x), & x \in [x_0, x_1] \\ s_1(x), & x \in [x_1, x_2] \\ \vdots \\ s_{n-1}(x), & x \in [x_{n-1}, x_n] \end{cases} \qquad (4-48)$$

按定义，每个 $s_k(x)$ 有 4 个待定系数，所以共有 $4n$ 个待定系数，故需要 $4n$ 个方程。

$S(x)$ 在每个内节点 $x_1, x_2, \cdots, x_{n-1}$ 上满足下列连续性条件：

（1）函数连续：$S(x_k^-) = S(x_k^+)$；

（2）一阶导数连续：$S'(x_k^-) = S'(x_k^+)$；

（3）二阶导数连续：$S''(x_k^-) = S''(x_k^+)$。

其中，$k = 0,1,2,\cdots,n-1$，共 $3n-3$ 个条件，再加上给定 $n+1$ 个插值条件，共有 $4n-2$ 个独立条件，还须补充两个条件。在实际应用中，通常在端点 x_0 和 x_n 处规定 $S(x)$ 满足边界条件：

（1）第一种边界条件：$S'(x_0^+) = f'(x_0) = \alpha_1, S'(x_n^-) = f'(x_n) = \beta_1$；

（2）第二种边界条件：$S''(x_0^+) = f''(x_0) = \alpha_1, S''(x_n^-) = f''(x_n) = \beta_2$，特别地，当 $S''(x_0^+) = 0, S''(x_n^-) = 0$ 时称为自然边界条件；

（3）第三种边界条件：当 $f(x)$ 是以 $b-a$ 为周期的函数，即 $f(x_0) = f(x_n)$ 时，边界条件为 $S'(x_0^+) = S'(x_n^-)$ 和 $S''(x_0^+) = S''(x_n^-)$。

4.6　利用 MATLAB 库函数进行插值

1. 一维插值的实现

MATLAB 中的函数 interp1 可以实现线性插值法运算, 其调用格式如下:

$$yi = interp1(x, y, xi, 'method')$$

含义为: 输入离散数据 x、y、x_i, 输出 x_i 对应的插值 y_i。具体如下:

(1) x、y 为样本点, y_i 为插值点自变量值 x_i 对应的函数值。

(2) method 共有 6 种参数可供选择, 主要插值方法有: nearest 为最近项插值, linear 为线性插值, spline 为逐段三次样条插值, cubic 为保凹凸性三次插值。当省略 method 时, 默认为 linear, 即线性插值。

2. 二维插值的实现

MATLAB 中的函数 interp2 可以实现二维插值法运算, 其调用格式如下:

$$zi = interp2(x, y, z, xi, yi, 'method')$$

x 和 y 是两个独立的向量, 它们必须是单调的。z 是矩阵, 是由 x 和 y 确定的点上的值。z 和 x, y 之间的关系是 $z(i,:) = f(x, y(i))$, $z(:,j) = f(x(j), y)$, 即当 x 变化时 z 的第 i 行与 y 的第 i 个元素相关, 当 y 变化时 z 的第 j 列与 x 的第 j 个元素相关。如果没有对 x, y 赋值, 则默认 $x = (1, 2, \cdots, n)$, $y = (1, 2, \cdots, m)$。n 和 m 分别是矩阵 z 的行数和列数。method 的 4 种情况为: nearest 为最临近点插值, linear 线性插值 (默认), spline 三次样条插值, cubic 为三次插值。

习　题　4

1. 证明 $\sum\limits_{k=0}^{n} l_k(x) = 1$ 对所有 x 成立, 其中 $l_k(x)$ 为拉格朗日插值基函数。

2. 设 $f(x) = x^7 + x^4 + 3x + 1$, 求 $f[2^0, 2^1, \cdots, 2^7]$ 及 $f[2^0, 2^1, \cdots, 2^8]$。

3. 已知函数表

x	0.32	0.34	0.36
$\sin x$	0.314567	0.333487	0.352274

分别用线性插值和抛物线插值计算 $\sin 0.3367$ 的值。

4. 求 $f(x) = x^2$ 在 $[a, b]$ 上的分段线性插值函数 $I_h(x)$, 并估计误差。

5. 已知水在不同温度时黏度有如下数据：

$T/℃$	$\mu/(10^{-3}\ Pa \cdot s)$	$T/℃$	$\mu/(10^{-3}\ Pa \cdot s)$
0	1.92	60	0.469
10	1.301	70	0.406
20	1.005	80	0.357
30	0.810	90	0.317
40	0.656	100	0.286
50	0.549		

用一元三点拉格朗日插值法计算 5～95 ℃间每间隔 10 ℃时水的黏度，画出相应框图并进行编程计算。

第 5 章　函数逼近方法在化工计算中的应用

5.1　函数逼近的概念和方法

函数逼近的基本思想是使用简单易算的函数 $P(x)$ 去近似表达式复杂的函数 $f(x)$，使其在某种度量下距离 $f(x)$ 最近，即最佳逼近。函数 $f(x)$ 称为被逼近的函数，$P(x)$ 称为逼近函数，两者之差 $R(x) = f(x) - P(x)$ 称为逼近的误差或余项。如何在给定精度下求出计算量最小的近似式是函数逼近要解决的问题。换言之，对于函数类 A 中给定的函数 $f(x)$，记作 $f(x) \in A$，要求在另一类较简单的且便于计算的函数类 $B(B \subset A)$ 中寻找一个函数 $P(x)$，使 $P(x)$ 与 $f(x)$ 之差在某种度量意义下最小。

5.1.1　函数空间

数学上常把在各种集合中引入某些不同的确定关系称为赋予集合以某种空间结构，并将这样的合集称为空间。例如，将所有 n 维实向量组成的集合，按向量加法及向量与数的乘法构成实数域上的线性空间，记作 $\mathbf{R}^n$，称为 n 维实向量空间。类似地，对于次数不超过 n（n 为正整数）的实系数多项式全体，多项式与多项式的加法及数与多项式的乘法也构成实数域 $\mathbf{R}$ 上的一个线性空间，用 H^n 表示，称为多项式空间。所有定义在 $[a, b]$ 上的连续函数集合，函数加法和数与函数乘法构成实数域 $\mathbf{R}$ 上的线性空间，记作 $C[a, b]$，称 $C^P[a, b]$ 是具有 P 阶连续导数的函数空间。本章中所研究的函数类 A 通常为区间 $[a, b]$ 上的连续函数，记作 $C[a, b]$，称为连续函数空间，而函数类 B 通常是代数多项式或三角多项式。

定义 5.1　设集合 S 是数域 P 上的线性空间，元素 $x_1, x_2, \cdots, x_n \in S$，若存在不全为零的数 $\alpha_1, \alpha_2, \cdots, \alpha_n \in P$，使

$$\alpha_1 x_1 + \alpha_2 x_2 + \cdots + \alpha_n x_n = 0 \tag{5-1}$$

成立，则称 $x_1, x_2, \cdots, x_n$ 线性相关；若式（5-1）只在 $\alpha_1 = \alpha_2 = \cdots = \alpha_n = 0$ 时成立，则称 $x_1, x_2, \cdots, x_n$ 线性无关。

若线性空间 S 是由 n 个线性无关元素 $x_1, x_2, \cdots, x_n$ 生成的，即对 $\forall x \in S$ 都有 $x = \alpha_1 x_1 + \alpha_2 x_2 + \cdots + \alpha_n x_n$，则 $x_1, x_2, \cdots, x_n$ 称为空间 S 的一组基，记为 $S = \text{span}\{x_1,$

$x_2, \cdots, x_n\}$，空间 S 称为 n 维空间，系数 $\alpha_1, \alpha_2, \cdots, \alpha_n$ 称为 x 在基 $x_1, x_2, \cdots, x_n$ 下的坐标，记作 $(\alpha_1, \alpha_2, \cdots, \alpha_n)$。若 S 中有无限个线性无关元素 $x_1, x_2, \cdots, x_n, \cdots$，则 S 称为无限维线性空间。

定理 5.1（魏尔斯特拉斯逼近定理） 设 $f(x) \in C[a, b]$，则对任意的 $\varepsilon > 0$，总存在一个代数多项式 $P(x)$，使 $\max\limits_{a \le x \le b} |f(x) - P(x)| < \varepsilon$ 在 $[a, b]$ 上一致成立。

伯恩斯坦（Бернштейн）根据函数整体逼近的特性构造出伯恩斯坦多项式，为

$$\begin{cases} B_n(f, x) = \sum\limits_{k=0}^{n} f\left(\dfrac{k}{n}\right) P_k(x) \\ P_k(x) = C_n^k x^k (1 - x)^{n-k} \end{cases} \tag{5-2}$$

并且 $\lim\limits_{n \to \infty} B_n(f, x) = f(x)$，$x \in [0, 1]$ 成立。

伯恩斯坦多项式给出了 $f(x)$ 的一个逼近多项式，但是其收敛速度慢且收敛依赖于多项式次数 $n \to \infty$，实际应用中很少使用。

 ## 5.1.2 范数与赋范线性空间

赋范线性空间是一个有范数的向量空间，是向量空间的度量，也称为巴拿赫（Banach）空间。

定义 5.2 设 S 是实（或复）线性空间，若对于 S 中的每个元素 $\boldsymbol{x}$，都有一个实数 $\|\boldsymbol{x}\|$ 对应，且满足以下条件：

（1）非负性，即

$$\|\boldsymbol{x}\| \ge 0, \quad \|\boldsymbol{x}\| = 0 \Leftrightarrow x = \boldsymbol{0} \tag{5-3}$$

（2）齐次性，即

$$\|\alpha \boldsymbol{x}\| = |\alpha| \|\boldsymbol{x}\|, \quad \alpha \text{ 是实数或复数} \tag{5-4}$$

（3）三角不等式，即

$$\|\boldsymbol{x} + \boldsymbol{y}\| \le \|\boldsymbol{x}\| + \|\boldsymbol{y}\|, \quad \boldsymbol{y} \in S \tag{5-5}$$

则 $\|\cdot\|$ 称为线性空间 S 上的范数，$(S, \|\cdot\|)$ 称为赋范线性空间，记为 X。

在 $\mathbf{R}^n$ 上的向量 $\boldsymbol{x} = (x_1, x_2, \cdots, x_n)^{\mathrm{T}}$，有以下三种常用范数：

（1）∞ - 范数，即

$$\|\boldsymbol{x}\|_{\infty} = \max\limits_{1 \le k \le n} |x_k| \tag{5-6}$$

（2）1 - 范数，即

$$\|\boldsymbol{x}\|_1 = \sum\limits_{k=1}^{n} |x_k| \tag{5-7}$$

（3）2 - 范数，即

$$\|\boldsymbol{x}\|_2 = \left(\sum\limits_{k=1}^{n} x_k^2 \right)^{\frac{1}{2}} \tag{5-8}$$

类似地，对连续函数空间 $C[a, b]$，若 $f \in C[a, b]$，也有以下三种常用范数：

（1）∞ – 范数，即

$$\|f\|_\infty = \max_{a \le x \le b} |f(x)| \tag{5-9}$$

（2）1 – 范数，即

$$\|f\|_1 = \int_a^b |f(x)| dx \tag{5-10}$$

（3）2 – 范数，即

$$\|f\|_2 = \left[\int_a^b f^2(x) dx \right]^{\frac{1}{2}} \tag{5-11}$$

 ## 5.1.3　内积与内积空间

在线性代数中内积也叫向量的点乘，是接受实数域 **R** 上的两个向量并返回一个实数值标量的二元运算。两个向量 $\boldsymbol{x} = (x_1, x_2, \cdots, x_n)^T \in \mathbf{R}^n$ 及 $\boldsymbol{y} = (y_1, y_2, \cdots, y_n)^T \in \mathbf{R}^n$ 的内积定义为 $(\boldsymbol{x}, \boldsymbol{y}) = x_1 y_1 + x_2 y_2 + \cdots + x_n y_n$，线性代数中两个向量内积的定义可以推广到一般的线性空间 X。

定义 5.3　设 X 是数域 K（**R** 或 **C**）上的线性空间，$\forall u, v \in X$，有 K 中的一个数与之对应，记为 (u, v)，它满足以下条件：

（1）共轭对称性，即

$$(u, v) = \overline{(u, v)}, \quad \forall u, v \in X \tag{5-12}$$

（2）线性，即

$$(\alpha u + \beta \omega, v) = \alpha(u, v) + \beta(\omega, v), \quad \forall u, v, \omega \in X, \forall \alpha, \beta \in K \tag{5-13}$$

（3）非负性，即

$$(u, u) \ge 0, \forall u \in X; (u, u) = 0 \Leftrightarrow u = 0 \tag{5-14}$$

则称 (u, v) 为 X 上的 u 与 v 的内积，内积的线性空间称为内积空间。当 K 为实数域 **R** 时，$(u, v) = (v, u)$。若 $(u, v) = 0$，则称 u 与 v 正交。

定理 5.2　设 X 为一个内积空间，$\forall u, v \in X$，有 $|(u, v)|^2 \le (u, u)(v, v)$，称为柯西 – 施瓦茨（Cauchy-Schwarz）不等式。

证明　当 $v = 0$ 时，该式显然成立，现考虑 $v \ne 0$，则 $(v, v) > 0$，且对于任意实数 λ，有

$$0 \le (u + \lambda v, u + \lambda v) = (u, u) + 2\lambda(u, v) + \lambda^2(v, v) \tag{5-15}$$

取 $\lambda = -(u, v)/(v, v)$ 代入式（5-15）右端，可得

$$(u, u) - 2 \frac{|(u, v)|^2}{(v, v)} + \frac{|(u, v)|^2}{(v, v)} \ge 0 \tag{5-16}$$

由此可得 $|(u, v)|^2 \le (u, u)(v, v)$。

定理 5.3　设 X 为一个内积空间，$u_1, u_2, \cdots, u_n \in X$，矩阵

$$G = \begin{pmatrix} (u_1,u_1) & (u_1,u_2) & \cdots & (u_1,u_n) \\ (u_2,u_1) & (u_2,u_2) & \cdots & (u_2,u_n) \\ \vdots & \vdots & & \vdots \\ (u_n,u_1) & (u_n,u_2) & \cdots & (u_n,u_n) \end{pmatrix} \qquad (5-17)$$

称为格拉姆（Gram）矩阵，G 非奇异的充分必要条件是 $u_1,u_2,\cdots,u_n$ 线性无关。

在内积空间 X 上可以用内积导出一种范数，即对 $u \in X$，记

$$\|u\| = \sqrt{(u,u)} \qquad (5-18)$$

定义 5.4 设 $[a,b]$ 是有限或无限区间，在 $[a,b]$ 上的非负函数 $\rho(x)$ 满足条件：

（1）$\displaystyle\int_a^b x^k \rho(x)\mathrm{d}x$ 存在且为有限值（$k = 0,1,\cdots$）；

（2）对于 $[a,b]$ 上的非负连续函数 $g(x)$，若 $\displaystyle\int_a^b g(x)\rho(x)\mathrm{d}x = 0$，则 $g(x) \equiv 0$，$\rho(x)$ 称为 $[a,b]$ 上的一个权函数。

5.2 正交多项式

5.2.1 正交函数族与正交多项式

函数逼近一般指通过一组函数线性组合来逼近原函数，这与向量空间中一个向量由一组基向量线性组合表示类似。然而，若基向量不正交，即两两点乘不为 0，则组合系数将对被表示向量的方向、长度非常敏感；在极端情况下，当基向量线性相关时，组合系数将无法唯一确定。在函数空间中也类似。为此，逼近原函数需要尽量使用正交函数族，以防止组合系数对函数误差敏感。

定义 5.5 若 $f(x),g(x) \in C[a,b]$，$\rho(x)$ 为 $[a,b]$ 上表示各点权重的权函数，且满足

$$(f(x),g(x)) = \int_a^b \rho(x)f(x)g(x)\mathrm{d}x = 0 \qquad (5-19)$$

则称 $f(x)$ 与 $g(x)$ 在 $[a,b]$ 上带权 $\rho(x)$ 正交。设在 $[a,b]$ 上给定函数系 $\{\varphi_k(x)\}$，若满足条件

$$(\varphi_j(x),\varphi_k(x)) = \begin{cases} 0, & j \neq k \\ A_k > 0, & j = k \end{cases} \quad (j,k = 0,1,\cdots) \qquad (A_k \text{ 是常数})(5-20)$$

则称函数系 $\{\varphi_k(x)\}$ 是 $[a,b]$ 上带权 $\rho(x)$ 的正交函数系。特别地，当 $A_k = 1$ 时，则称该函数系为标准正交函数系。

若上述定义中的函数系为多项式函数系，则称之为 $[a,b]$ 上带权 $\rho(x)$ 的正交多项式系，并称 $\varphi_n(x)$ 为 $[a,b]$ 上带权 $\rho(x)$ 的次正交多项式。

一般来说，权函数 $\rho(x)$ 及区间 $[a, b]$ 给定以后，可以由幂函数系 $\{1, x,$ $x^2, \cdots, x^n, \cdots\}$ 利用正交化方法构造出正交多项式系，即

$$g_0(x) = 1, g_n(x) = x^n - \sum_{k=0}^{n} \frac{(x^n, g_k)}{(g_k, g_k)} \cdot g_k, k = 1, 2, \cdots \qquad (5-21)$$

正交多项式有以下性质：

（1）$g_n(x)$ 是最高次项系数为 1 的 n 次多项式。

（2）任一 n 次多项式 $P_n(x) \in H_n$ 均可表示为 $g_0(x), g_1(x), \cdots, g_n(x)$ 的线性组合。

（3）当 $n \neq m$ 时，$(g_n, g_m) = 0$ 且 $g_n(x)$ 与任一次数小于 n 的多项式正交。

（4）递推性，即 $g_{n+1}(x) = (x - \alpha_n) g_n(x) - \beta_n g_{n-1}(x), n = 0, 1, \cdots$，其中，$g_0(x)$ $= 1, g_{-1}(x) = 0, \alpha_n = \dfrac{(xg_n, g_n)}{(g_n, g_n)}, \beta_n = \dfrac{(g_n, g_n)}{(g_{n-1}, g_{n-1})}, n = 1, 2, \cdots$，由此可得 (xg_n, g_n) $= \displaystyle\int_a^b x g_n^2(x) \rho(x) \, \mathrm{d}x$。

（5）设 $g_0(x), g_1(x), \cdots$ 是在 $[a, b]$ 上带权 $\rho(x)$ 的正交多项式序列，则 $g_n(x)(n \geqslant 1)$ 的 n 个根都是单重实根，且都在区间 (a, b) 内。

5.2.2　常用的正交多项式

1. 第一类切比雪夫（Chebyshev）多项式

当权函数为 $\rho(x) = \dfrac{1}{\sqrt{1 - x^2}}$，区间为 $(-1, 1)$ 时，由序列 $\{1, x, x^2, \cdots, x^n, \cdots\}$ 正交化得到的正交多项式可以表示为

$$T_n = \cos(n \arccos x), |x| \leqslant 1 \qquad (5-22)$$

称为 n 次切比雪夫多项式。

令 $\theta = \arccos x$，则

$$\cos\theta = x, \quad T_n = \cos n\theta, 0 \leqslant \theta \leqslant \pi$$

而

$$\cos n\theta = \cos^n\theta - C_n^2 \cos^{n-2}\theta \sin^2\theta + C_n^4 \cos^{n-4}\theta \sin^4\theta - \cdots$$

故 T_n 为关于 x 的 n 次代数多项式。

切比雪夫多项式有以下性质：

（1）正交性。由 $T_n(x)$ 所组成的序列 $\{T_n(x)\}$ 是在区间 $[-1, 1]$ 上带权 $\rho(x)$ $= \dfrac{1}{\sqrt{1 - x^2}}$ 的正交多项式序列，且

$$\int_{-1}^{1} \frac{1}{\sqrt{1 - x^2}} T_m(x) T_n(x) \, \mathrm{d}x = \begin{cases} 0, & m \neq n \\ \dfrac{\pi}{2}, & m = n \neq 0 \\ \pi, & m = n = 0 \end{cases} \qquad (5-23)$$

事实上，令 $x = \cos\theta$，则 $\mathrm{d}x = -\sin\theta\mathrm{d}\theta$，于是

$$\int_{-1}^{1} \frac{1}{\sqrt{1 - x^2}} T_m(x) T_n(x) \mathrm{d}x = \int_0^{\pi} \cos n\theta \cos m\theta \mathrm{d}\theta = \begin{cases} 0, & m \neq n \\ \dfrac{\pi}{2}, & m = n \neq 0 \\ \pi, & m = n = 0 \end{cases}$$

（2）递推公式。相邻的三个切比雪夫多项式具有如下递推关系式：

$$\begin{cases} T_0(x) = 1, T_1(x) = x \\ T_{n+1}(x) = 2x \cdot T_n(x) = T_{n-1}(x), & n = 1, 2, \cdots \end{cases} \tag{5-24}$$

这里由三角恒等式 $\cos(n+1)\theta = 2\cos\theta\cos(n\theta) - \cos(n-1)\theta, n \geq 1$ 可得。

由式（5-24）可得以下的切比雪夫多项式，其函数图像如图5-1所示。

$$T_0(x) = 1$$
$$T_1(x) = x$$
$$T_2(x) = 2x^2 - 1$$
$$T_3(x) = 4x^3 - 3x$$
$$T_4(x) = 8x^4 - 8x^2 + 1$$
$$T_5(x) = 16x^5 - 20x^3 + 5x$$
$$T_6(x) = 32x^6 - 48x^4 + 18x^2 - 1$$
$$T_7(x) = 64x^7 - 112x^5 + 56x^3 - 7x$$
$$T_8(x) = 128x^8 - 256x^6 + 160x^4 - 32x^2 + 1$$

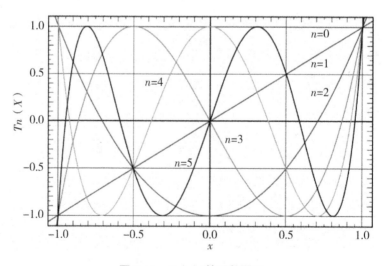

图 5-1　$T_n(x)$ 的函数图形

（3）奇偶性。切比雪夫多项式 T_n，当 n 为奇数时为奇函数，当 n 为偶数时为偶

函数, 即

$$T_n(-x) = \cos[narccos(-x)] = \cos(n\pi - narccosx)$$
$$= (-1)^n \cos(narccosx) = (-1)^n T_n(x) \tag{5-25}$$

（4）零点。T_n 在区间 $[-1,1]$ 上有 n 个不同的零点, 为

$$x_k = \cos\frac{(2k-1)\pi}{2n}, \ k = 1,2,\cdots,n \tag{5-26}$$

（5）极值点。$T_n(x)$ 在 $[-1,1]$ 上有 $n+1$ 个不同的极值点, 为

$$x'_k = \cos k\frac{\pi}{n}, \ k = 1,2,\cdots,n \tag{5-27}$$

使 $T_n(x)$ 轮流取得最大值 1 和最小值 -1。

（6）极值性质。$T_n(x)$ 的最高次项系数为 $2^{n-1}(n=1,2,\cdots)$。

（7）最小模性质。在 $-1 \leqslant x \leqslant 1$ 上, 在首项系数为 1 的切比雪夫多项式中, $\tilde{T}_n(x) = \dfrac{1}{2^{n-1}}T_n(x)$ 与零的偏差最小, 且其偏差为 $\dfrac{1}{2^{n-1}}$, 即对于任何 $P(x) \in P_n(x)$, 有

$$\frac{1}{2^{n-1}} = \max_{-1 \leqslant x \leqslant 1}|\tilde{T}_n(x) - 0| \leqslant \max_{-1 \leqslant x \leqslant 1}|P(x) - 0| \tag{5-28}$$

在所有次数为 n 的多项式中求多项式 $P_n(x)$, 使其在给定的有界闭区间上与零的偏差最小, 这一问题称为最小零偏差多项式问题。不失一般性, 可设 $P_n(x)$ 的首项系数为 1, 所讨论的有界闭区间为 $[-1,1]$, 对一般区间 $[a,b]$, 可先将 x 换为 t, 考虑 $f(t)$ 在 $[-1,1]$ 上的逼近 $P_n(t)$, 再将 t 换回 x, 最后得到 $P_n(x)$。

2. 第二类切比雪夫多项式

在区间 $[-1,1]$ 上, 带权 $\rho(x) = \sqrt{1-x^2}$ 的正交多项式称为第二类切比雪夫多项式, 其一般表达式为

$$U_n(x) = \frac{\sin[(n+1)arccosx]}{\sqrt{1-x^2}}, |x| \leqslant 1, n = 0,1,2,\cdots \tag{5-29}$$

（1）正交性, 即

$$(U_n, U_m) = \int_{-1}^{1}\sqrt{1-x^2}\,U_m(x)U_n(x)\,\mathrm{d}x = \begin{cases} 0, & m \neq n \\ \dfrac{\pi}{2}, & m = n \end{cases}$$

（2）递推公式, 即

$$U_0(x) = 1, \ U_1(x) = 2x, \ U_{n+1}(x) = 2x \cdot U_n(x) - U_{n-1}(x), \ n = 1,2,\cdots$$

3. 拉盖尔多项式

拉盖尔多项式是定义在区间 $[0, +\infty]$ 上关于权函数 $\rho(x) = \mathrm{e}^{-x}$ 的正交多项式, 其表达式为

$$L_n(x) = e^n \frac{d^n}{dx^n}(x^n e^{-x}) \tag{5-30}$$

（1）正交性，即

$$\int_0^\infty e^{-x} L_n(x) L_m(x) dx = \begin{cases} 0, & m \neq n \\ (n!)^2, & m = n \end{cases}$$

（2）递推公式，即

$$L_0(x) = 1, L_1(x) = 1 - x, L_{n+1}(x) = (1 + 2n - x)L_n(x) - n^2 L_{n-1}(x), n = 0,1,2,\cdots$$

4. 埃尔米特多项式

埃尔米特多项式是定义在区间 $[-\infty, +\infty]$ 上关于权函数 $\rho(x) = e^{-x^2}$ 的正交多项式，其表达式为

$$H_n(x) = (-1)^n e^{x^2} \frac{d^n}{dx^n} e^{-x^2} \tag{5-31}$$

（1）正交性，即

$$\int_{-\infty}^{+\infty} e^{-x^2} H_n(x) H_m(x) dx = \begin{cases} 0, & m \neq n \\ 2^n n! \sqrt{\pi}, & m = n \end{cases}$$

（2）递推公式，即

$$H_0(x) = 1, H_1(x) = 2x, H_{n+1}(x) = 2x H_n(x) - 2n H_{n-1}(x), n = 0,1,2,\cdots$$

5.3 最佳一致逼近

采用 $\|f(x) - P(x)\|_\infty = \max\limits_{a \leqslant x \leqslant b} |f(x) - P(x)|$ 作为度量误差大小的函数逼近称为一致逼近或者均匀逼近。最佳一致逼近和最佳平方逼近是函数逼近常用的度量标准。

5.3.1 偏差

若 $P_n(x) \in H_n$, $f(x) \in C[a,b]$，则称

$$\Delta(f, P_n) = \|f - P_n\|_\infty = \max_{x \in [a,b]} |f(x) - P_n(x)| \tag{5-32}$$

为 $f(x)$ 与 $P_n(x)$ 在 $[a,b]$ 上的偏差。

显然，$\Delta(f, P_n) \geqslant 0$。$\Delta(f, P_n)$ 的全体组成一个集合，记作 $\{\Delta(f, P_n)\}$，它有下界0。若记集合的下确界为

$$E_n = \inf_{P_n \in H_n} \{\Delta(f, P_n)\} = \inf_{P_n \in H_n} \max_{x \in [a,b]} |f(x) - P_n(x)| \tag{5-33}$$

则称 E_n 为 $f(x)$ 在 $[a,b]$ 上的最小偏差。

设 $f(x) \in C[a,b], P(x) \in H_n$，若在 $x = x_0$ 上有

$$|f(x_0) - P(x_0)| = \max_{x \in [a,b]} |f(x) - P(x)| = \mu \tag{5-34}$$

则称 x_0 是 $P(x) - f(x)$ 的偏差点。

若 $P(x_0) - f(x_0) = \mu$，则称 x_0 为正偏差点；若 $P(x_0) - f(x_0) = -\mu$，则称 x_0 为负偏差点。

5.3.2　交错点组

若函数 $f(x)$ 在其定义域的某一区间 $[a,b]$ 上存在 n 个点 $\{x_k\}$，$k = 1,2,\cdots,n$，满足

（1）$|f(x_k)| = \max |f(x)| = \|f(x)\|_\infty$，$k = 1,2,\cdots,n$；

（2）$-f(x_k) = f(x_{k+1})$，$k = 1,2,\cdots,n-1$。

则称点集 $\{x_k\}$（$k = 1,2,\cdots,n$）为函数 $f(x)$ 在区间 $[a,b]$ 上的一个交错点组，点 x_k 称为交错点组的点。

定理 5.4（切比雪夫定理）　设函数 $f(x)$ 是区间 $[a,b]$ 上的连续函数，则 $P_n(x)$ 是 $f(x)$ 的 n 次最佳一致逼近多项式的充要条件是：$f(x) - P_n(x)$ 在区间 $[a,b]$ 上存在一个至少由 $n+2$ 个点组成的交错点组，即有 $n+2$ 个点 $a \leqslant x_1 < x_2 < \cdots < x_{n+2} \leqslant b$，使

$$P_n(x_k) - f(x_k) = (-1)^k \sigma \|P(x) - f(x)\|_\infty，\sigma = \pm 1，k = 1,2,\cdots,n+2$$

证明　假定在 $[a,b]$ 区间上有 $n+2$ 个点使上式成立，利用反证法证明 $P_n(x)$ 是 $f(x)$ 的 n 次最佳一致逼近多项式。设存在 $Q(x) \in H_n$，$Q(x) \neq P(x)$，使 $\|f(x) - Q(x)\|_\infty < \|f(x) - P(x)\|_\infty$。

由于 $P(x) - Q(x) = [P(x) - f(x)] - [Q(x) - f(x)]$ 在点 $x_1, x_2, \cdots, x_{n+2}$ 上的符号与 $P(x_k) - f(x_k)$（$k = 1,2,\cdots,n+2$）一致，故 $P(x) - Q(x)$ 也在 $n+2$ 个点上轮流取 " + " " - " 符号。根据函数的连续性，它在 $[a,b]$ 区间内有 $n+1$ 个零点，但是 $P(x) - Q(x) \neq 0$，是不超过 n 次的多项式，它的零点个数不超过 n，从而产生矛盾，说明假设不存在。因此，$P(x)$ 就是所求的最佳逼近多项式，充分性得证。

必要性证明较烦琐，这里不予说明。

推论 5.1　设函数 $f(x)$ 是区间 $[a,b]$ 上的连续函数，$P_n(x)$ 是 $f(x)$ 的 n 次最佳一致逼近多项式。若 $f^{(n+1)}(x)$ 在 (a,b) 内存在且保号，则 $f(x) - P_n(x)$ 在区间 $[a,b]$ 上恰好存在一个由 $n+2$ 个点组成的交错点组，且两端点 a,b 都在交错点组中。

推论 5.2　在 $P_n[a,b]$ 中，若存在对函数 $f(x) \in C[a,b]$ 的最佳一致逼近元，则其唯一。

推论 5.3　设函数 $f(x)$ 是区间 $[a,b]$ 上的连续函数，则 $f(x)$ 的 n 次最佳一致逼近多项式是 $f(x)$ 的某个 n 次插值多项式。

 ### 5.3.3 最佳一致逼近多项式

1. 切比雪夫定理法

定义 5.6 设 $f(x) \in C[a, b]$，若存在 $P_n(x) \in H_n$ 使 $\Delta(f, P_n) = E_n$，则称 $P_n(x)$ 是 $f(x)$ 在 $[a, b]$ 上的 n 次最佳一致逼近多项式或最小偏差逼近多项式，简称最佳逼近多项式。

定理 5.5 若 $f(x) \in C[a, b]$，则总存在 $P_n(x) \in H_n$，使

$$\|f - P_n\|_\infty = E_n \tag{5-35}$$

设 n 次多项式

$$P(x) = a_0 + a_1 x + a_2 x^2 + \cdots + a_n x^n$$

并记

$$\phi(a_0, a_1, \cdots, a_n) = \max_{a \leqslant x \leqslant b} |f(x) - P(x)|$$

则可以证明存在唯一的 $(a_0^*, a_1^*, \cdots, a_n^*)$，使

$$\phi(a_0^*, a_1^*, \cdots, a_n^*) = \min_{P \in H_n} \max_{a \leqslant x \leqslant b} |f(x) - P(x)|$$

设函数 $f(x)$ 是区间 $[a, b]$ 上的连续函数，$P_n(x)$ 是 $f(x)$ 的 n 次最佳一致逼近多项式，则 $f(x) - P_n(x)$ 必同时存在正负偏差点，如图 5-2 所示。

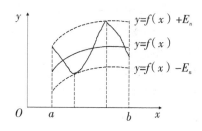

图 5-2 最佳一致逼近多项式同时存在正负偏差点

下面详细讲解求一次最佳一致逼近多项式（$n = 1$）。

设 $f(x) \in C^2[a, b]$，且 $f''(x)$ 在 (a, b) 内不变号，要求 $f(x)$ 在 $[a, b]$ 上的最佳一致逼近多项式 $P_1(x) = a_0 + a_1 x$，由推论 5.1 可知，$f(x) - P_1(x)$ 在 $[a, b]$ 上恰好有 3 个点构成的交错组，且区间端点 a 和 b 属于这个交错点组，设另一个交错点为 x_2，则

$$\begin{cases} f'(x_2) - P_1'(x_2) = 0 \\ f(a) - P_1(a) = f(b) - P_1(b) \\ f(a) - P_1(a) = f(x_2) - P_1(x_2) \end{cases}$$

即

$$\begin{cases} a_0 + a_1 a - f(a) = a_0 + a_1 b - f(b) \\ a_0 + a_1 a - f(a) = f(x_2) - (a_0 + a_1 x_2) \\ f'(x_2) = a_1 \end{cases}$$

解得

$$a_1 = \frac{f(b) - f(a)}{b - a} = f'(x_2), \quad a_0 = \frac{f(a) + f(x_2)}{2} - \frac{f(b) - f(a)}{b - a} \frac{a + x_2}{2}$$

即

$$P_1(x) = \frac{f(x_2) + f(a)}{2} + \frac{f(b) - f(a)}{b - a}\left(x - \frac{a + x_2}{2}\right) \qquad (5 - 36)$$

其几何意义如图 5 - 3 所示。直线 $y = P_1(x)$ 与弦 MN 平行，且通过 MQ 的中点 D。

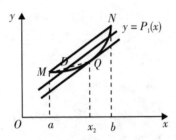

图 5 - 3　一次最佳一致逼近多项式的几何意义

例 5.1　求 $f(x) = \sqrt{1 + x^2}$ 在 $[0, 1]$ 上的一次最佳一致逼近多项式。

解　由 $a_1 = \dfrac{f(b) - f(a)}{b - a} = f'(x_2)$，可以算出

$$a_1 = \sqrt{2} - 1 \approx 0.414$$

又 $f'(x) = \dfrac{x}{\sqrt{1 + x^2}}$，故 $\dfrac{x_2}{\sqrt{1 + x_2^2}} = \sqrt{2} - 1$，解得

$$x_2 = \sqrt{\frac{\sqrt{2} - 1}{2}} \approx 0.4551, \quad f(x_2) = \sqrt{1 + x_2^2} \approx 1.0986$$

由 $a_0 = \dfrac{f(a) + f(x_2)}{2} - \dfrac{f(b) - f(a)}{b - a} \dfrac{a + x_2}{2}$，得

$$a_0 = \frac{1 + \sqrt{1 + x_2^2}}{2} - a_1 \frac{x_2}{2} \approx 0.955$$

于是得 $\sqrt{1 + x^2}$ 的一次最佳一致逼近多项式为

$$P_1(x) = 0.955 + 0.414x$$

即

$$\sqrt{1 + x^2} \approx 0.955 + 0.414x, \quad 0 \leq x \leq 1$$

误差限为

$$\max_{0 \le x \le 1} | \sqrt{1 + x^2} - P_1(x) | \le 0.045$$

若令 $x = \dfrac{b}{a} \le 1$，则可得求根公式

$$\sqrt{a^2 + b^2} \approx 0.955a + 0.414b$$

2. 正交多项式法

寻求最小零偏差多项式 $P_n(x)$ 的问题，即式 $(5-28)$，事实上等价于求 $f(x) = x_n$ 的 $n-1$ 次最佳一致逼近多项式的问题，即求 $\tilde{P}_{n-1}$，使其满足

$$\max_{[-1,1]} |f(x) - \tilde{P}_{n-1}(x)| = \min_{P_{n-1}(x) \in H_{n-1}} \|f(x) - P_{n-1}(x)\| \qquad (5-37)$$

在 $[-1,1]$ 上首项系数为 1 的最小零偏差多项式为 $\tilde{T}_n(x)$，如图 $5-4$ 所示。设 $f(x) = b_0 + b_1 x + \cdots + b_n x^n (b_n \ne 0)$ 为 $[-1,1]$ 上的 n 次多项式，要求 $f(x)$ 在 $[-1,1]$ 上的不超过 $n-1$ 次的最佳一致逼近多项式 $P_{n-1}(x)$。由于首项系数为 1 的 n 次切比雪夫多项式 $\tilde{T}_n(x)$ 的无穷范数最小，故有

$$\frac{f(x) - P_{n-1}(x)}{b_n} = \tilde{T}_n(x) \qquad (5-38)$$

即

$$P_{n-1}(x) = f(x) - b_n \cdot \tilde{T}_n(x) \qquad (5-39)$$

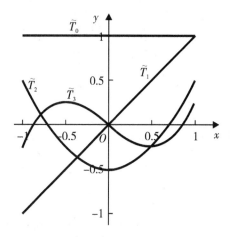

图 $5-4$　最小零偏差多项式为 $\tilde{T}_n(x)$

例 5.2　设 $f(x) = 4x^4 + 2x^3 - 5x^2 + 8x - 5/2$，$|x| \le 1$，求 $f(x)$ 在 $[-1,1]$ 中的三次最佳一致逼近元 $P_3(x)$。

解　由 $f(x)$ 的表达式可知 $b_4 = 4$，首项系数为 1 的四次切比雪夫多项式为

$$\tilde{T}_4(x) = x^4 - x^2 + 1/8$$

由式（5 - 31）得

$$P_3(x) = f(x) - 4 \cdot \tilde{T}_n(x), \quad P_3(x) = 2x^3 - x^2 + 8x - 3$$

对区间为 $[a, b]$ 的情形，作变换

$$x = (b - a) \cdot t/2 + (b + a) \cdot t/2$$

对变量为 t 的多项式用式（5 - 31）求得 $P_n(t)$，然后再作上式的反变换，即可得到 $[a, b]$ 上的最佳一致逼近多项式 $P_n(x)$。

5.4　最佳平方逼近

采用 $\|f(x) - P(x)\|_2 = \sqrt{\int_a^b [f(x) - P(x)]^2 \mathrm{d}x}$ 作为度量误差大小标准的函数逼近称为平方逼近或均方逼近。

5.4.1　函数系的线性关系

若函数 $\varphi_0(x), \varphi_1(x), \cdots, \varphi_n(x)$ 在区间 $[a, b]$ 上连续，关系式

$$a_0\varphi_0(x) + a_1\varphi_1(x) + \cdots + a_n\varphi_n(x) = 0$$

当且仅当 $a_0 = a_1 = a_2 = \cdots = a_n = 0$ 时才成立，则称函数在 $[a, b]$ 上是线性无关的，否则称线性相关。

设 $\varphi_0(x), \varphi_1(x), \cdots, \varphi_n(x)$ 是 $[a, b]$ 上线性无关的连续函数，$a_0, a_1, \cdots, a_n$ 是任意实数，则

$$S(x) = a_0\varphi_0(x) + a_1\varphi_1(x) + \cdots + a_n\varphi_n(x)$$

的全体是 $C[a, b]$ 的一个子集，记为

$$\Phi = \mathrm{span}\{\varphi_0, \varphi_1, \cdots, \varphi_n\}$$

并称 $\varphi_0(x), \varphi_1(x), \cdots, \varphi_n(x)$ 为生成集合的一个基底。

定理 5.6　连续函数 $\varphi_0(x), \varphi_1(x), \cdots, \varphi_n(x)$ 在 $[a, b]$ 上线性无关的充分必要条件是它们的克莱姆（Gram）行列式 $G_n \neq 0$，其中

$$
\begin{aligned}
G_n &= G_n(\varphi_0, \varphi_1, \cdots, \varphi_n) \\
&= \begin{vmatrix}
(\varphi_0, \varphi_0) & (\varphi_0, \varphi_1) & \cdots & (\varphi_0, \varphi_n) \\
(\varphi_1, \varphi_0) & (\varphi_1, \varphi_1) & \cdots & (\varphi_1, \varphi_n) \\
\vdots & \vdots & & \vdots \\
(\varphi_n, \varphi_0) & (\varphi_n, \varphi_1) & \cdots & (\varphi_n, \varphi_n)
\end{vmatrix}
\end{aligned}
$$

设函数系 $\{\varphi_0(x), \varphi_1(x), \cdots, \varphi_n(x), \cdots\}$ 线性无关，则其有限项的线性组合

$S(x) = \sum_{j=0}^{u} a_j \varphi_j(x)$ 称为广义多项式。

5.4.2 函数的最佳平方逼近

对于给定的函数 $f(x) \in C[a,b]$，要求函数 $S^* \in \Phi = \mathrm{span}\{\varphi_0, \varphi_1, \cdots, \varphi_n\}$，且

$$\int_a^b \rho(x)[f(x) - S^*(x)]^2 \mathrm{d}x = \min_{S(x) \in \Phi} \int_a^b \rho(x)[f(x) - S(x)]^2 \mathrm{d}x \qquad (5-40)$$

若这样的 $S^*(x)$ 存在，则称为 $f(x)$ 在区间 $[a,b]$ 上的最佳平方逼近函数。特别地，若 $\Phi = \mathrm{span}\{\varphi_0, \varphi_1, \cdots, \varphi_n\}$，则称 $S^*(x)$ 为 $f(x)$ 在 $[a,b]$ 上的 n 次最佳平方逼近多项式。

求最佳平方逼近函数 $S^*(x) = \sum_{j=0}^{n} a_j^* \cdot \varphi_j(x)$ 的问题，可归结为求它的系数 a_0^*，$a_1^*, \cdots, a_n^*$，使多元函数

$$I(a_0, a_1, \cdots, a_n) = \int_a^b \rho(x)\left[f(x) - \sum_{j=0}^{n} a_j \varphi_j(x)\right]^2 \mathrm{d}x \qquad (5-41)$$

取得极小值。由于 $I(a_0, a_1, \cdots, a_n)$ 是关于 $a_0, a_1, \cdots, a_n$ 的二次函数，故由多元函数取得极值的必要条件，可得

$$\frac{\partial I}{\partial a_k} = 2\int_a^b \rho(x)\left[f(x) - \sum_{j=0}^{n} a_j \varphi_j(x)\right][-\varphi_k(x)]\mathrm{d}x = 0, \; k = 0,1,2,\cdots,n$$

$$(5-42)$$

该方程为最小二乘，从而可得

$$\sum_{j=0}^{n} a_j \int_a^b \rho(x)\varphi_k(x)\varphi_j(x)\mathrm{d}x$$

$$= \int_a^b \rho(x)f(x)\varphi_k(x)\mathrm{d}x, \; k = 0,1,2,\cdots,n \qquad (5-43)$$

若采用函数内积记号

$$(\varphi_k, \varphi_j) = \int_a^b \rho(x)\varphi_k(x)\varphi_j(x)\mathrm{d}x, \; (f, \varphi_k) = \int_a^b \rho(x)f(x)\varphi_k(x)\mathrm{d}x$$

则方程组可以简写为

$$\sum_{j=0}^{n} (\varphi_k, \varphi_j)a_j = (f, \varphi_k), \; k = 0,1,2,\cdots,n \qquad (5-44)$$

还可以写成矩阵形式，为

$$\begin{pmatrix} (\varphi_0, \varphi_0) & (\varphi_0, \varphi_1) & \cdots & (\varphi_0, \varphi_n) \\ (\varphi_1, \varphi_0) & (\varphi_1, \varphi_1) & \cdots & (\varphi_1, \varphi_n) \\ \vdots & \vdots & & \vdots \\ (\varphi_n, \varphi_0) & (\varphi_n, \varphi_1) & \cdots & (\varphi_n, \varphi_n) \end{pmatrix}\begin{pmatrix} a_0 \\ a_1 \\ \vdots \\ a_n \end{pmatrix} = \begin{pmatrix} (f, \varphi_0) \\ (f, \varphi_1) \\ \vdots \\ (f, \varphi_n) \end{pmatrix} \qquad (5-45)$$

这是关于 $a_0, a_1, \cdots, a_n$ 的线性方程组，称为法方程。由于 $\varphi_0, \varphi_1, \cdots, \varphi_n$ 线性无

关，故 $G_n \neq 0$，于是上述方程组存在唯一解 $a_k = a_k^* (k = 0, 1, \cdots, n)$。因此，若函数 $f(x)$ 在 Φ 中存在最佳平方逼近函数，则必是

$$S^*(x) = \sum_{j=0}^{u} a_j^* \varphi_j(x) \tag{5-46}$$

取 $\varphi_k(x) = x^k, \rho(x) \equiv 1, f(x) \in C[0, 1]$，求 n 次最佳平方逼近多项式

$$S^*(x) = a_0^* + a_1^* x + \cdots + a_n^* x^n$$

此时

$$(\varphi_j, \varphi_k) = \int_0^1 x^{k+j} dx = \frac{1}{k+j+1}$$

$$(f, \varphi_k) = \int_0^1 f(x) x^k dx = d_k$$

则其法方程可写作

$$\begin{pmatrix} 1 & 1/2 & \cdots & 1/(n+1) \\ 1/2 & 1/3 & \cdots & 1/(n+2) \\ \vdots & \vdots & & \vdots \\ 1/(n+1) & 1/(n+2) & \cdots & 1/(2n+1) \end{pmatrix} \begin{pmatrix} a_0 \\ a_1 \\ \vdots \\ a_n \end{pmatrix} = \begin{pmatrix} d_0 \\ d_1 \\ \vdots \\ d_n \end{pmatrix}$$

记为 $\boldsymbol{Ha = d}$，其中，$\boldsymbol{H}$ 称为希尔伯特（Hilbert）矩阵，即

$$\boldsymbol{H} = \begin{pmatrix} 1 & 1/2 & \cdots & 1/(n+1) \\ 1/2 & 1/3 & \cdots & 1/(n+2) \\ \vdots & \vdots & & \vdots \\ 1/(n+1) & 1/(n+2) & \cdots & 1/(2n+1) \end{pmatrix}$$

$$\boldsymbol{a} = (a_0, a_1, \cdots, a_n)^{\mathrm{T}}$$

$$\boldsymbol{d} = (d_0, d_1, \cdots, d_n)^{\mathrm{T}}, d_k = (f, x^k), k = 0, 1, \cdots, n$$

求解该法方程，解出系数 $a_k = a_k^* (k = 0, 1, \cdots, n)$，即得所求的 n 次最佳平方逼近多项式。

例 5.3　求 $f(x) = \sqrt{1 + x^2}$ 在 $[0, 1]$ 上的一次最佳平方逼近多项式。

解　由 $d_k = (f, \varphi_k) = \int_0^1 f(x) x^k dx$，可得

$$d_0 = \int_0^1 \sqrt{1 + x^2} dx = \frac{1}{2} \ln(1 + \sqrt{2}) + \frac{\sqrt{2}}{2} \approx 1.148$$

$$d_1 = \int_0^1 \sqrt{1 + x^2} dx = \frac{1}{3}(1 + x^2)^{3/2} \Big|_0^1 = \frac{2\sqrt{2} - 1}{3} \approx 0.609$$

可得法方程组

$$\begin{pmatrix} 1 & \dfrac{1}{2} \\ \dfrac{1}{2} & \dfrac{1}{3} \end{pmatrix} \begin{pmatrix} a_0 \\ a_1 \end{pmatrix} = \begin{pmatrix} 1.148 \\ 0.609 \end{pmatrix}$$

解得 $a_0 = 0.938, a_1 = 0.420$，故

$$S_1^*(x) = 0.938 + 0.420x$$

5.5 曲线拟合的最小二乘法

5.5.1 曲线拟合的一般定义

曲线拟合是指选择适当的曲线来拟合通过观测或实验所获得的数据。化学工程中遇到的很多问题，往往只能通过诸如采样、实验等方法获得若干离散的数据。根据这些数据，如果能够找到一个连续的函数，即曲线，或者更加密集的离散方程，使实验数据与方程的曲线能够在最大程度上近似吻合，就可以根据曲线方程对数据进行理论分析和数值预测，从而对某些不具备测量条件的位置的结果进行估算。

已知一组（二维）数据，即平面上有 n 个点 $(x_i, y_i)(i = 0, 1, \cdots, n)$，寻求一个函数（曲线）$f(x)$，使 $f(x)$ 在某种准则下与所有数据点最为接近（曲线拟合得最好），即使残差 $\rho_i = y_i - f(x_i)$ 总体上尽可能小，这种构造近似函数的方法称为曲线拟合，$f(x)$ 称为拟合函数。使残差 $\rho_i = y_i - f(x_i)$ 尽可能小的度量准则有：

（1）使残差中绝对值最大的一个 $\max\limits_{1 \leqslant i \leqslant m} |P(x_i) - y_i|$ 最小；

（2）使残差绝对值之和 $\sum\limits_{i=1}^{m} |P(x_i) - y_i|$ 最小；

（3）使残差的平方和 $\sum\limits_{i=1}^{m} |P(x_i) - y_i|^2$ 最小。

如果观测数据存在较大误差，通常采用"近似函数在各实验点的计算结果与实验结果的偏差平方和最小"的原则建立近似函数，称准则（3）曲线拟合法为最小二乘法曲线拟合。

定义 5.7 对给定的数据 $(x_i, y_i)(i = 0, 1, \cdots, n)$，求一个简单函数 $S(x)$ 与之拟合，使 $S(x_i)$ 与 y_i 的差 $e_k = |S(x_i) - y_i|$ 的平方和最小，即 $Q = \sum e_k^2 = \sum\limits_{i=0}^{n} |S(x_i) - y_i|^2$ 最小，这就是曲线拟合的最小二乘法。常用的误差有平方误差 $\sum\limits_{i=0}^{n} |S(x_i) - y_i|^2$ 和均方误差 $\sqrt{\sum\limits_{i=0}^{n} |S(x_i) - y_i|^2}$ 。

5.5.2 最小二乘法求解

最小二乘法的优点是函数形式多种多样，根据其来源不同，可以分为半经验建模和经验建模两种。如果建模过程中先由一定的理论依据写出模型结构，再由实验数据估计模型参数，这时建立的模型为半经验模型。例如，描述反应速率常数与温度的关系可用阿仑纽斯方程，即 $k = k_0 \exp\left(-\dfrac{E}{RT}\right)$，这种情况下，工作要点在于如何确定函数中的各未知系数 k_0 和 E。经验建模又分为两种情况：一种是无任何理论依据，但有经验公式可供选择；另一种是没有任何经验可循的情况，只能将依据实验数据画出的图形与已知函数图形进行比较，选择图形接近的函数形式进行模型拟合。无论何种建模情况，在选定关联函数的形式之后，就要根据实验数据去确定所选关联函数中的待定系数。最小二乘法按计算方法的特点又分为线性最小二乘法和非线性最小二乘法。

1. 线性最小二乘法

线性最小二乘法是常用的曲线拟合方法。线性最小二乘法又分为一元和多元等不同情况。对于一元线性，函数可以设为 $y = a + bx$，测定 m 个自变量值 $x_k(k = 1, 2, \cdots, m)$ 和 m 个因变量值 $y_k(k = 1, 2, \cdots, m)$，并计算出 m 个因变量值 $y_k^*(k = 1, 2, \cdots, m)$。此时，误差定义为

$$e_k = y_k - y_k^* = y_k - (a + bx_k)$$

由最小二乘法，设

$$Q = \sum e_k^2 = \sum \left[y_k - (a + bx_k) \right]^2$$

欲使 Q 最小，按极值的必要条件，要满足：

$$\begin{cases} \dfrac{\partial Q}{\partial a} = 0 \\ \dfrac{\partial Q}{\partial b} = 0 \end{cases}$$

可以推导出

$$\begin{cases} ma + b\sum_{k=1}^{m} x_k = \sum_{k=1}^{m} y_k \\ a\sum_{k=1}^{m} x_k + b\sum_{k=1}^{m} x_k^2 = \sum_{k=1}^{m} x_k y_k \end{cases} \tag{5-47}$$

式（5-47）称为一元线性最小二乘法的法方程，解此方程组，就可求出参数 a 和 b。

对于多元线性最小二乘法，设多元线性函数

$$y = b_1 x_1 + b_2 x_2 + b_3 x_3 + \cdots + b_n x_n = \sum_{i=1}^{n} b_i x_i$$

共 n 个影响因子，有 m 次实验数据，$m \geqslant n$。若 x_{nk} 代表第 k 次实验的数据，则

$$y_k^* = b_1 x_{1k} + b_2 x_{2k} + b_3 x_{3k} + \cdots + b_n x_{nk}$$
$$= f(x_{1k}, x_{2k}, x_{3k}, \cdots, x_{nk}; b_1, b_2, b_3, \cdots, b_n)$$

根据最小二乘原则，要使 $Q = \sum e_k^2 = \sum (y_k - y_k^*)^2$ 达到最小。因此，要求

$$\frac{\partial Q}{\partial b_i} = 0$$

令

$$\begin{cases} s_{ij} = \sum_{k=1}^{m} x_{ik}x_{jk}, \ i,j = 1,2,\cdots,n \\ s_{iy} = \sum_{k=1}^{m} x_{ik}y_k, \ i = 1,2,\cdots,n \end{cases}$$

则可以转化为以 b_i 为未知数的方程组

$$\begin{cases} s_{11}b_1 + s_{12}b_2 + \cdots + s_{1n}b_n = s_{1y} \\ s_{21}b_1 + s_{22}b_2 + \cdots + s_{2n}b_n = s_{2y} \\ \vdots \\ s_{n1}b_1 + s_{n2}b_2 + \cdots + s_{nn}b_n = s_{ny} \end{cases} \qquad (5-48)$$

称此方程组为多元线性最小二乘法的法方程。解此方程组，可求出参数 b_i，由此便可确定拟合方程

$$y^* = b_1x_1 + b_2x_2 + b_3x_3 + \cdots + b_nx_n \qquad (5-49)$$

例 5.4 已知一组化学实验数据，见表 5-1，求它的拟合曲线。

表 5-1 例 5.4 的数据

x_i	1	2	3	4	5
f_i	4	4.5	6	8	8.5
ω_i	2	1	3	1	1

解 在坐标纸上标出所给数据可得，各点分布在一条直线附近，故可以选择线性函数作为拟合曲线。令 $S_1(x) = a_0 + a_1x$，这里 $m = 4, n = 1, \varphi_0(x) = 1, \varphi_1(x) = x$，因此

$$(\varphi_0,\varphi_0) = \sum_{i=0}^{4} \omega_i = 8, \quad (\varphi_0,\varphi_1) = (\varphi_1,\varphi_0) = \sum_{i=0}^{4} \omega_i x_i = 22,$$

$$(\varphi_1,\varphi_1) = \sum_{i=0}^{4} \omega_i x_i^2 = 74, \quad (\varphi_0,f) = \sum_{i=0}^{4} \omega_i f_i = 47,$$

$$(\varphi_1,f) = \sum_{i=0}^{4} \omega_i x_i f_i = 145.5$$

根据法方程可得

$$\begin{cases} 8a_0 + 22a_1 = 47 \\ 22a_0 + 74a_1 = 145.5 \end{cases}$$

解得 $a_0 = 2.77$，$a_1 = 1.13$。

因此，所求的拟合曲线为

$$S_1^*(x) = 2.77 + 1.13x$$

拟合曲线如图 5 – 5 所示。

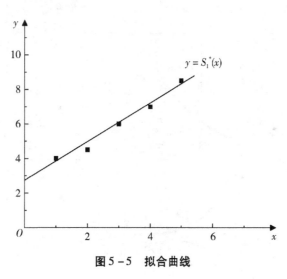

图 5 – 5　拟合曲线

2. 非线性最小二乘法

在应用最小二乘法进行曲线拟合时，通常遇到的是非线性函数。相较线性模型拟合，非线性模型拟合要困难得多。非线性模型拟合的途径包括通过代换转化为线性关系和直接采用非线性拟合。最好设法使模型转化为线性形式。表 5 – 2 列出了常见的几种非线性方程的线性转化。

表 5 – 2　常见的非线性函数的线性化处理

函数类型	函数方程	图形	替换方程	代换方程
双曲线	$\dfrac{1}{y} = a + \dfrac{b}{x}$		$Y = \dfrac{1}{y}, X = \dfrac{1}{x}$	$Y = a + bX$
幂函数	$y = ax^b$		$Y = \ln y,\ X = \ln x,$ $A = \ln a$	$Y = A + bX$

续上表

函数类型	函数方程	图形	替换方程	代换方程
指数函数	$y = ae^{bx}$		$Y = \ln y,\ A = \ln a,$ $X = \ln x$	$Y = A + bX$
负指数函数	$y = ae^{b/x}$		$Y = \ln y,\ X = 1/x$	$Y = \ln a + bX$
对数函数	$y = a + b\lg x$		$Y = y,\ X = \lg x$	$Y = a + bX$
「S」形曲线	$y = \dfrac{1}{a + be^{-x}}$		$Y = \dfrac{1}{y},\ X = e^{-x}$	$Y = a + bX$
n次多项式	$y = a + b_1x + b_2x^2$ $+ b_3x^3 + \cdots + b_nx^n$	—	$X_1 = x,\ X_2 = x^2,$ $X_3 = x^3, \cdots, X_n = x^n$	$Y = a + b_1X_1 + b_2X_2$ $+ b_3X_3 + \cdots + b_nX_n$

例 5.5　设某气体反应可以表示为 $A + B \rightarrow C$，其反应动力学方程可以用以下非线性方程表示：

$$V = KP_A^{n_1}P_B^{n_2}P_C^{n_3}$$

其中，V 为反应速度，K 为反应速度常数，P_A, P_B, P_C 依次为 A，B，C 的分压。表 5-3 列出了实验测定的不同分压下的 V 值。试确定此气体反应的动力学方程。

116

表 5 – 3　不同分压下的反应速度

P_A	P_B	P_C	V	P_A	P_B	P_C	V
8. 998	8. 298	2. 699	8. 58	7. 001	3. 900	9. 895	2. 18
8. 199	7. 001	4. 402	6. 05	3. 310	3. 401	9. 796	2. 11
7. 901	6. 203	5. 900	4. 73	6. 501	2. 601	10. 903	1. 88
7. 001	4. 302	8. 199	3. 35	7. 997	2. 199	17. 797	1. 04

解　将动力学方程的两边取对数，得

$$\ln V = \ln K + n_1 \ln P_A + n_2 \ln P_B + n_3 \ln P_C$$

令

$$y = \ln V, \ x_1 = \ln P_A, \ x_2 = \ln P_B, \ x_3 = \ln P_C$$

则上式变换为

$$y = \ln K + n_1 x_1 + n_2 x_2 + n_3 x_3$$

使用最小二乘法，求得

$$V = 4.4433 P_A^{0.0097} P_B^{0.6454} P_C^{-0.6611}$$

有些非线性模型是不能变换成线性模型的，这时应该用直接非线性最小二乘法进行处理。高斯 – 牛顿法是非线性直接拟合的常用方法之一。对于非线性函数泰勒展开式 $y_k = f(x_k, b_1, b_2, \cdots, b_n)$，若 b_i 的近似值为 $b_i^{(0)}$，误差为 Δ_i，则 $b_i = b_i^{(0)} + \Delta_i$。当初值给定时，对非线性函数在初值 $b_i^{(0)}$ 附近作泰勒展开，并略去 Δ_i 的二次以上的高次项，可以得到

$$y_k = f(x_k, b_1, b_2, \cdots, b_n)$$
$$\approx f_{k,0} + \frac{\partial f_{k,0}}{\partial b_1} \Delta_1 + \frac{\partial f_{k,0}}{\partial b_2} \Delta_2 + \cdots + \frac{\partial f_{k,0}}{\partial b_n} \Delta_n$$

其中，

$$\Delta_1 = b_1 - b_1^{(0)}, \Delta_2 = b_2 - b_2^{(0)}, \cdots, \Delta_n = b_n - b_n^{(0)}$$
$$f_{k,0} = f(x_k, b_1^{(0)}, b_2^{(0)}, \cdots, b_n^{(0)})$$
$$\frac{\partial f_{k,0}}{\partial b_i} = \frac{\partial f(x_k, b_1^{(0)}, b_2^{(0)}, \cdots, b_n^{(0)})}{\partial b_i}$$
$$\begin{cases} b_1 = b_1^{(0)} + \Delta_1 \\ b_2 = b_2^{(0)} + \Delta_2 \\ \vdots \\ b_n = b_n^{(0)} + \Delta_n \end{cases}$$

由最小二乘法，设 $Q = \sum\limits_{k=1}^{m} e_k^2 = \sum\limits_{k=1}^{m} [y_k - f(x_k, b_1, b_2, \cdots, b_n)]^2$，欲使 Q 最小，按极值的必要条件，要满足：

$$\frac{\partial Q}{\partial b_i} = \frac{\partial Q}{\partial \Delta_i} \approx 2 \sum_{k=1}^{m} \left[y_k + \left(f_{k,0} + \frac{\partial f_{k,0}}{\partial b_1}\Delta_1 + \frac{\partial f_{k,0}}{\partial b_2}\Delta_2 + \cdots + \frac{\partial f_{k,0}}{\partial b_n}\Delta_n \right) \right] \left(-\frac{\partial f_{k,0}}{\partial b_m} \right) = 0$$

令

$$\begin{cases} s_{ij} = \displaystyle\sum_{k=1}^{m} \frac{\partial f_{k,0}}{\partial b_i} \frac{\partial f_{k,0}}{\partial b_j}, \ i, j = 1, 2, \cdots, n \\ s_{iy} = \displaystyle\sum_{k=1}^{m} \frac{\partial f_{k,0}}{\partial b_i}(y_k - f_{k,0}), \ i = 1, 2, \cdots, n \end{cases}$$

则转化为未知数的方程组：

$$\begin{cases} s_{11}\Delta_1 + s_{12}\Delta_2 + \cdots + s_{1n}\Delta_n = s_{1y} \\ s_{21}\Delta_1 + s_{22}\Delta_2 + \cdots + s_{2n}\Delta_n = s_{2y} \\ \vdots \\ s_{n1}\Delta_1 + s_{n2}\Delta_2 + \cdots + s_{nn}\Delta_n = s_{ny} \end{cases}$$

将解此法方程所得到的第一套修正值 $\Delta_i^{(0)}$ 代入可求得 $b_i^{(1)}$，再用上述方法求得第二套修正值 $\Delta_i^{(1)}$，并求得 $b_i^{(2)}$，这样经过 n 次迭代后，若 $\Delta_i^{(n)}$ 小到一定程度，就逼近了真值，即 $y_k = f(x_k, b_1, b_2, \cdots, b_n)$ 可确定。

5.5.3　程序框图和计算程序

基于最小二乘法的计算过程，设计程序框图，如图 5 - 6 所示。

与图 5 - 6 相对应的 MATLAB 计算程序如下：

```
% "lsm" for "least square method"
function [a, b] = lsm(x, y)
    n = length(x);
    s1 = 0;
    s2 = 0;
    s3 = 0;
    s4 = 0;
    for i = 1 : n
        s1 = s1 + x(i);
        s2 = s2 + y(i);
        s3 = s3 + x(i)^2;
        s4 = s4 + x(i) * y(i);
    end
    b = (s1 * s2 - n * s4) / ((s1)^2 - n * s3);
    a = (s4 * s1 - s2 * s3) / ((s1)^2 - n * s3);
end
```

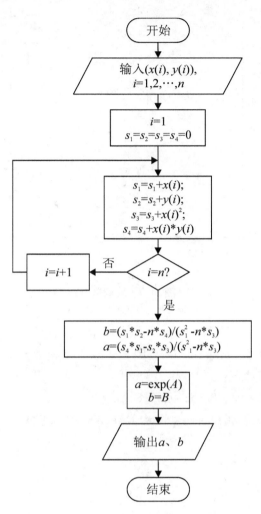

图 5-6 最小二乘法的计算程序框图示意

例 5.6 某化学反应其反应产物的浓度随时间变化的数据见表 5-4。试用最小二乘法关联 y 与 t 的关系。

表 5-4 反应产物的浓度随时间变化的数据

时间 t	5	10	15	20	25	30	35	40	45	50	55
浓度 y	1.27	2.16	2.86	3.44	3.87	4.15	4.37	4.51	4.58	4.62	4.64

解 建立数学模型，首先对实验点绘图，得图 5-7。

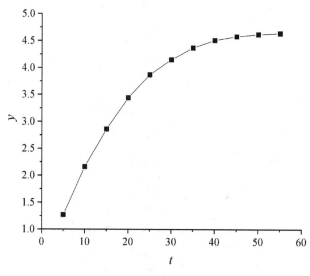

图 5 - 7 实验数据

由曲线形状的特点，可用 $y = ae^{b/t}$ 拟合实验数据。

线性化变换，令 $Y = \ln y$，$X = 1/t$，则 $y = ae^{b/t}$ 变换为 $Y = \ln a + bX$。

计算参数的程序如下：

x0 = [5,10,15,20,25,30,35,40,45,50,55]；

y0 = [1.27,2.16,2.86,3.44,3.87,4.15,4.37,4.51,4.58,4.62,4.64]；

x = 1/x0；

y = ln(y0)；

[A,b] = lsm(x,y)

执行结果如下：

a = exp(A)

    5.2151

b =

    -7.4962

因此，y 与 t 的关系可表示为

$$y = 5.2151e^{-7.4962/t}$$

5.5.4 利用 MATLAB 库函数进行拟合

1. 一元多项式拟合函数

在 MATLAB 中 polyfit 是多项式函数拟合命令，它只能拟合一元多项式。可化为线性的非线性函数拟合，必须变换变量后才可以用此函数。

调用格式为 p = polyfit(x,y,n)。其中，x 和 y 为输入的拟合数据，通常用数组方式输入；n 表示多项式的最高阶数，当 $n=1$ 时不可省略；输出参数 p 为拟合多项式的系数。

在 MATLAB 中，多项式是用由它的系数构成的行向量表示的。该向量的分量是自左至右，依次表示多项式高次幂项到低次幂项的系数，缺少的幂次项，其系数必须用零填补。

2. 多元线性拟合函数

MATLAB 统计工具箱中使用函数 regress 实现多元线性拟合 $Y = X * B$。

常用的调用格式为 b = regress(y,x)。其中，x、y 代表自变量数据矩阵 x 和因变量数据向量 y；b 为多元线性拟合的参数结果向量。

因变量数据向量 y 和自变量数据矩阵 x 按以下排列方式输入：

$$x = \begin{pmatrix} 1 & x_{12} & \cdots & x_{1n} \\ 1 & x_{22} & \cdots & x_{2n} \\ \vdots & \vdots & & \vdots \\ 1 & x_{m2} & \cdots & x_{mn} \end{pmatrix}, \quad y = \begin{pmatrix} y_1 \\ y_1 \\ \vdots \\ y_m \end{pmatrix}$$

其中，n 为变量个数，m 为实验次数。

3. 直接非线性拟合函数

MATLAB 求解非线性拟合的函数较多，多采用最优化方法解决。例如，nlinfit 函数的简单调用格式为 beta = nlinfit(x,y,fun,beta0)。其中，输入数据 x、y 分别为 $m \times n$ 矩阵和 m 维列向量（n 为变量个数，m 为实验次数）；因变量数据向量 y 和自变量数据矩阵 x 的排列方式同 regress 函数；fun 是事先用 M 文件定义的非线性函数；beta0 是回归系数的初值；beta 是估计出的回归系数。

4. 用最小二乘法拟合生成样条曲线

与样条插值不同，样条拟合并不要求曲线通过全部的数据点。在工程实践与科学研究中，由实验观测得到的一组离散数据一般包含实验误差，因此样条拟合比样条插值应用更广泛。MATLAB 样条工具箱提供的函数较多，常用的三个拟合函数列于表 5 – 5。

表 5 – 5 常用的三个拟合函数

函数名	曲线类型	拟合准则	是否平滑处理
csaps（）	三次样条曲线	最小二乘法	是
spap2（）	B 样条曲线	最小二乘法	否
spaps（）	B 样条曲线	最小二乘法	是

（1）函数 csaps（）的用法。

功能：平滑生成三次样条函数，即对于数据 (x_i, y_i)，所求的三次样条函数 $y = f(x)$ 满足

$$\min p \cdot \sum_i w_i (y_i - f(x_i))^2 + (1 - p) \int \lambda(t) (D^2 f) t^2 \mathrm{d}t$$

调用格式：sp = csaps(x, y, p)

ys = csaps(x, y, p, xx, w)

输入参数：x, y 指要处理的离散数据（xi, yi）。

p 为平滑参数，取值区间为 $[0, 1]$。当 p = 0 时，相当于最小二乘直线拟合；当 p = 1 时，相当于"自然的"三次样条插值，即相当于 csapi 或 spline。

xx 用于指定在给定点 xx 上计算其三次样条函数值 ys。

w 指权值（权重），默认为 1。

输出参数：sp 为拟合得到的样条函数；

ys 指在给定点 xx 上的三次样条函数值。

（2）函数 spap2（）的用法。

功能：用最小二乘法拟合生成 B 样条曲线，即对于离散数据 (x_i, y_i)，所求的 k 次样条函数 $y = f(x)$ 满足

$$\min \sum_i w_i [y_i - f(x_i)]^2$$

调用格式：sp = spap2(knots, k, x, y)

sp = spap2(knots, k, x, y, w)

输入参数：knots 指节点序数（knot sequence）；

k 表示样条函数的阶次，一般取 3，有时取 4；

x, y 为要处理的离散数据（xi, yi）；

w 指权值（权重），默认为 1。

输出参数：sp 为拟合得到的样条函数。

（3）函数 spaps（）用法。

功能：平滑生成 B 样条函数，所用最小二乘拟合准则同函数 spap2。

调用格式：sp = spaps(x, y, tol)

$[sp, ys]$ = spaps(x, y, tol, m, w)

输入参数：x, y 为要处理的离散数据（xi, yi）；

tol 指光滑时的允许精度；

m 默认值是 2，即平滑生成三次 B 样条曲线；

w 指权值（权重），默认为 1。

输出参数：sp 为拟合得到的样条曲线；

ys 指在 x 上经平滑处理的 B 样条函数值。

习　题　5

1. 设 $f(x) = b_0 + b_1 x + \cdots + b_n x^n (b_n \neq 0)$ 为 $[-1,1]$ 上的 n 次多项式，求 $f(x)$ 在 $[-1,1]$ 上的不超过 $n-1$ 次的最佳一致逼近多项式 $P_{n-1}(x)$。

2. 令 $T_n^*(x) = T_n(2x - 1), x \in [0,1]$，试证 $\{T_n^*(x)\}$ 是在 $[0,1]$ 上带权 $\rho(x) = \dfrac{1}{\sqrt{x - x^2}}$ 的正交多项式。

3. 如何选取 r 使 $p(x) = x^2 + r$ 在 $[-1,1]$ 与零偏差最小？

4. 用最小二乘法求一个形如 $y = a + bx^2$ 的经验公式，使它与下列数据拟合，并求均方误差。

x_i	19	25	31	38	44
y_i	19.0	32.3	49.0	73.7	97.8

5. 使用计算流体力学模拟无限宽平板表面流动边界层的速度分布，层流边界层厚度（流速等于主体流速 99% 的位置）与自入口处起算的长度关系如下图所示。

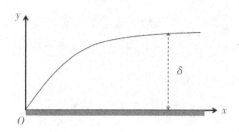

由于算法精度所限，计算结果存在噪声，所得层流边界层厚度与自入口处起算的长度关系见下表：

x/cm	16.0	17.0	18.0	19.0	20.0
δ/cm	1.31	1.33	1.34	1.36	1.35

今计划以 $\delta'(x) < 0.001$ 为判据，判断边界层是否充分发展。

（1）试以 $\delta = cx^b$ 作为逼近函数拟合上述数据（注意有效数字）。

（2）以上述拟合函数为基础，判断在 $x = 20$ cm 处边界层是否已经充分发展。

第6章 化工计算过程中的积分与微分问题

微元分析常用于处理化工过程中流体的流动、反应等过程。在考察整体流量、反应进行程度等参量的过程中，需要对微元分析所得的表达式进行积分。例如，对于半无限大固体，即三个笛卡尔坐标轴方向中，在某一方向仅沿其正方向无限延长的固体，如果突然将该方向的端面温度从 t_0 改为 t_s，则沿该方向某一点的温度 t 随距离 x、时间 θ 的变化关系为：

$$t = \frac{2}{\sqrt{\pi}}(t_0 - t_s)\int_0^{\frac{x}{\sqrt{4\alpha\theta}}} e^{-\eta^2}d\eta + t_s \tag{6-1}$$

式(6-1) 的计算中涉及积分：

$$\mathrm{erf}\left(\frac{x}{\sqrt{4\alpha\theta}}\right) = \frac{2}{\sqrt{\pi}}\int_0^{\frac{x}{\sqrt{4\alpha\theta}}} e^{-\eta^2}d\eta \tag{6-2}$$

式中，$\mathrm{erf}(x)$ 称为误差函数。求解误差函数需要计算积分，即式(6-2)。一般而言，对于积分 $I = \int_a^b f(x)dx$，若能找到被积函数 $f(x)$ 的原函数 $F(x)$，则可以通过牛顿－莱布尼茨（Newton-Leibniz）公式求得 I，即

$$\int_a^b f(x)dx = F(b) - F(a) \tag{6-3}$$

然而能够应用牛顿－莱布尼茨公式的场合非常有限，因为大量的被积函数，如前述式(6-2)，其原函数不能用初等函数来表示，不能使用牛顿－莱布尼茨公式计算。而且即使原函数可以取得，如果原函数的表达形式过于复杂，其积分值求解也会十分困难。例如，对于被积函数 $f(x) = \dfrac{1}{1+x^6}$，其原函数为 $F(x) = \dfrac{1}{3}\mathrm{arctan}x + \dfrac{1}{6}\mathrm{arctan}\left(x - \dfrac{1}{x}\right) + \dfrac{1}{4\sqrt{3}}\ln\dfrac{x^2 + \sqrt{3}x + 1}{x^2 - \sqrt{3}x + 1} + C$，通过式(6-3) 计算 $F(a)$ 和 $F(b)$ 十分困难。除此之外，当 $f(x)$ 是由测量或者数值计算给出的列表函数时，原函数形式将无法以解析形式取得，因此牛顿－莱布尼茨公式也将无法直接运用。

本章主要介绍数值求积分、微分的方法，主要关注插值法求积公式的构造。本章首先介绍数值积分的基本概念，然后介绍常见的牛顿－柯特斯公式，接着介绍复化求积公式、变步长求积公式、高斯求积公式，最后介绍数值微分计算方法。

6.1　数值积分的基本概念

首先以求一次函数 $f(x) = c_1 x + c_2$ 在 $[a, b]$ 区间的积分为例。求 $f(x)$ 的积分可以看作求上底宽为 $f(a)$、下底宽为 $f(b)$、腰高为 $(b-a)$ 的梯形的面积，如图 6-1 所示，其面积可以写作

$$\int_a^b f(x)\,\mathrm{d}x = \frac{b-a}{2}[f(a) + f(b)] \qquad (6-4)$$

此即我们熟悉的梯形公式。其等价于以区间中点 $c = \dfrac{a+b}{2}$ 的"高度" $f(c)$ 及区间宽度 $b-a$ 为边的矩形面积公式：

$$\int_a^b f(x)\,\mathrm{d}x = (b-a)f\left(\frac{a+b}{2}\right) \qquad (6-5)$$

此即所谓的中矩形公式，简称为矩形公式，如图 6-2 所示。与之相对应的，将区间左端点的函数值作为平均高度的求积公式称为左矩形公式；将区间右端点的函数值作为平均高度的求积公式称为右矩形公式。

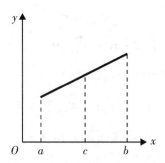

图 6-1　梯形公式求 $f(x) = c_1 x + c_2$ 积分

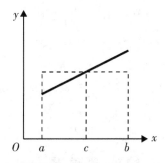

图 6-2　中矩形公式求 $f(x) = c_1 x + c_2$ 积分

接下来，可以将上述过程推广至任意函数 $f(x)$ 的积分。根据积分中值定理，在积分区间 $[a, b]$ 内存在一点 ξ，使

$$\int_a^b f(x)\,\mathrm{d}x = (b-a)f(\xi) \qquad\qquad (6-6)$$

成立，也就是说，底为 $b-a$ 而高为 $f(\xi)$ 的矩形面积恰好等于所求曲边梯形的面积 I（图 6-3），$f(\xi)$ 则可以看作区间 $[a,b]$ 上的平均高度。然而，区间的点 ξ 的位置难以取得，使 $f(\xi)$ 的值也难以求得。因此，数值求积算法提出的关键在于提供平均高度 $f(\xi)$ 算法。

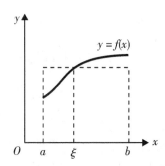

图 6-3 中值定理公式求任意 $y=f(x)$ 积分

6.1.1 机械求积公式

从定积分的定义出发，对于任一函数 $f(x)$，有

$$\int_a^b f(x)\,\mathrm{d}x = I = \lim_{\lambda \to 0} \sum_{i=1}^n f(\xi_i)\Delta x \qquad\qquad (6-7)$$

其中，i 表示第 i 个无限小区间。当区间最大宽度 λ 无限小时，$f(\xi_i)$ 无限趋近于区间端点函数值。相似地，在构建求积近似公式时，我们也可以在区间内任意选取某些节点 x_k，然后用 $f(x_k)$ 的加权平均值作为平均高度的近似值，即

$$\int_a^b f(x)\,\mathrm{d}x \approx \sum_{k=0}^n A_k f(x_k) \qquad\qquad (6-8)$$

其中，x_k 为求积节点；A_k 为求积系数，也叫作伴随节点 x_k 的权。A_k 只与节点的选取有关，与函数 $f(x)$ 的具体形式无关。这种数值积分方法叫作机械求积，它将积分求值问题转化为被积函数值的计算，避开了牛顿-莱布尼茨公式需要寻找原函数的困难，适用于计算机计算。

6.1.2 求积公式的代数精度

为保证求积公式具有较好的实际应用意义，需要其能适用于尽可能多的函数。由定理 5.1 可知，在区间 $[a,b]$ 内任意一个连续函数都可以通过多项式一致逼近。因此，求积公式的精度问题可以转化为求积公式对多少次多项式都可以准确成立这一问

题。据此，提出了代数精度的概念。

定义 6.1　若一个求积公式对于所有次数不超过 m 的多项式都准确成立，而对于某一个 $m+1$ 次的多项式不准确成立，则称该求积公式具有 m 次代数精度（或代数精确度）。

显然，梯形公式(6-4) 和矩形公式(6-5) 均具有 1 次代数精度。

由定义 6.1 可知，若使求积公式(6-8) 具有 m 次代数精度，只要令它对于 $f(x) = 1, x, \cdots, x^m$ 都准确成立，这就要求

$$
\begin{cases}
\sum_{k=0}^{n} A_k = b - a \\[2mm]
\sum_{k=0}^{n} A_k x_k = \dfrac{1}{2}(b^2 - a^2) \\[2mm]
\vdots \\[2mm]
\sum_{k=0}^{n} A_k x_k^m = \dfrac{1}{m+1}(b^{m+1} - a^{m+1})
\end{cases}
\tag{6-9}
$$

但通过方程组(6-9) 计算得到的求积公式对 $f(x) = x^{m+1}$ 的积分不能准确成立。

如果事先选定求积节点 x_k，例如，以区间 $[a, b]$ 的等距分点作为节点，这时取 $m=n$，求解方程组 (6-9) 即可以确定求积系数 A_k，同时使求积公式(6-8) 至少具有 n 次代数精度。构造式(6-8) 的求积公式原则上是一个确定参数 x_k 和 A_k 的代数问题。

例如，当 $n=1$ 时，若 $x_0 = a, x_1 = b$，求积公式为 $I(f) = \int_a^b f(x)\,\mathrm{d}x \approx A_0 f(a) + A_1 f(b)$。在方程组(6-9) 中取 $m=1$，则有

$$
\begin{cases}
A_0 + A_1 = b - a \\[2mm]
A_0 a + A_1 b = \dfrac{1}{2}(b^2 - a^2)
\end{cases}
$$

解得 $A_0 = A_1 = \dfrac{1}{2}(b - a)$，所以有

$$
I(f) = \int_a^b f(x)\,\mathrm{d}x \approx \frac{b-a}{2}[f(a) + f(b)]
$$

即为梯形公式。

综上可知，利用方程组(6-9) 推出的求积公式与通过点 $(a, f(a))$ 和 $(b, f(b))$ 的直线近似曲线 $y = f(x)$ 得到的结果一致。当 $f(x) = x^2$ 时，方程组(6-9) 的第三个式子不成立，即

$$
\frac{b-a}{2}(a^2 + b^2) \neq \int_a^b x^2\,\mathrm{d}x = \frac{b^3 - a^3}{3}
$$

因此，梯形公式的代数精度为 1。

例 6.1　试确定系数 w_i，使下面的求积公式具有尽可能高的代数精度，并求出此求积公式的代数精度。

$$\int_{-1}^{1} f(x)\,\mathrm{d}x \approx w_0 f(-1) + w_1 f(0) + w_2 f(1)$$

解 根据题意可令 $f(x) = 1, x, x^2$，分别代入求积公式使其精确成立：

$$\begin{cases} w_0 + w_1 + w_2 = 2 \\ -w_0 + w_2 = 0 \\ w_0 + w_2 = \dfrac{2}{3} \end{cases}$$

解得 $w_0 = w_2 = \dfrac{1}{3}$，$w_1 = \dfrac{4}{3}$，因此求积公式为

$$\int_{-1}^{1} f(x)\,\mathrm{d}x \approx \frac{1}{3} f(-1) + \frac{4}{3} f(0) + \frac{1}{3} f(1)$$

当 $f(x) = x^3$ 时，$\int_{-1}^{1} x^3 \mathrm{d}x = 0$，上式右端为 0，精确成立。当 $f(x) = x^4$ 时，$\int_{-1}^{1} x^4 \mathrm{d}x = \dfrac{2}{5}$，而上式右端为 $\dfrac{2}{3}$，不精确成立，所以此求积公式具有 3 次代数精度。

从例 6.1 中可以看出，求积区间为 $[a, b]$ 的机械求积公式的求积系数总和为 $b - a$。这可以结合积分中值定理理解。式 $(6-8)$ 中的求积系数 A_k 表示该节点可以代表的函数积分区间宽度，这些求积系数之和就是总积分区间的宽度，为 $b - a$。

 ### 6.1.3 插值型求积公式

构造多项式并确保该多项式经过选定节点的最简单方法就是使用插值多项式。根据第 4 章，已知在 $n+1$ 个互异节点 $a \leqslant x_0 < x_1 < \cdots < x_n \leqslant b$ 上的函数值 $f_0, f_1, \cdots, f_n$，可以构造拉格朗日插值多项式，为

$$L_n(x) = \sum_{k=0}^{n} l_k(x) f_k$$

则求积公式可以近似为

$$\int_a^b f(x)\,\mathrm{d}x \approx \int_a^b L_n(x)\,\mathrm{d}x = \sum_{k=0}^{n} \left[\int_a^b l_k(x)\,\mathrm{d}x \right] f_k$$

得到求积公式

$$\int_a^b f(x)\,\mathrm{d}x \approx \sum_{k=0}^{n} w_k f_k \tag{6-10}$$

式 $(6-10)$ 即为插值型求积公式，其中，

$$w_k = \int_a^b l_k(x)\,\mathrm{d}x, k = 0, 1, \cdots, n \tag{6-11}$$

根据拉格朗日余项公式，我们可以得知求积公式的余项，为

$$R[f] = \int_a^b [f(x) - L_n(x)]\,\mathrm{d}x = \int_a^b R_n(x)\,\mathrm{d}x \tag{6-12}$$

其中，$R_n(x) = \dfrac{f^{(n+1)}(\xi)}{(n+1)!} w_{n+1}(x)$，$\xi$ 依赖于 x，$w_{n+1}(x) = (x - x_0)(x - x_1)\cdots(x - $

x_n)。可见，若求积公式(6-10)是插值型，按照式(6-12)，对于次数不超过 n 的多项式 $f(x)$，其余项 $R[f] = 0$。此时的求积公式至少具有 n 次代数精度。相对地，若求积公式(6-10)至少具有 n 次代数精度，则代入由原函数构建出的 n 次的插值多项式插值基函数 $l_k(x)$ 后，式(6-10)必定准确成立，即

$$\int_a^b l_k(x)\,\mathrm{d}x = \sum_{j=0}^n w_j\, l_k(x_j)$$

由于 $l_k(x_j) = \delta_{kj}$，上式右端实际等于 w_k，因此该求积公式必然是插值型。

综上，我们可提出以下定理。

定理6.1 求积公式 $\int_a^b f(x)\,\mathrm{d}x \approx \sum_{k=0}^n w_k f_k$ 至少具有 n 次代数精度的充分必要条件为它是插值型求积公式。

例6.2 欲求解误差函数 $\mathrm{erf}(x) = \dfrac{2}{\sqrt{\pi}}\int_0^x e^{-\eta^2}\,\mathrm{d}\eta$ 在 $x = 1$ 时的值，试以 $\eta = 0$，$\eta = 1/2$，$\eta = 1$ 为插值点构建插值型求积公式并计算。

解 令 $f(\eta) = e^{-\eta^2}$，则

$$\eta_0 = 0.000,\ f(\eta_0) = 1.000$$
$$\eta_1 = 0.500,\ f(\eta_1) = 0.779$$
$$\eta_2 = 1.000,\ f(\eta_2) = 0.368$$

可以构建拉格朗日插值基函数：

$$l_0 = \frac{(x-0.500)(x-1.000)}{(0.000-0.500)(0.000-1.000)} = \frac{x^2 - 1.500x + 0.500}{0.500}$$

$$l_1 = \frac{(x-0.000)(x-1.000)}{(0.500-0.000)(0.500-1.000)} = \frac{x^2 - 1.000x}{-0.250}$$

$$l_2 = \frac{(x-0.000)(x-0.500)}{(1.000-0.000)(1.000-0.500)} = \frac{x^2 - 0.500x}{0.500}$$

代入式(6-11)，可以求得

$$w_0 = \int_0^1 \frac{x^2 - 1.500x + 0.500}{0.500}\mathrm{d}x = 0.167$$

$$w_1 = \int_0^1 \frac{x^2 - 1.000x}{-0.250}\mathrm{d}x = 0.667$$

$$w_2 = \int_0^1 \frac{x^2 - 0.500x}{0.500}\mathrm{d}x = 0.167$$

代入 $\mathrm{erf}(x)$ 定义式，有

$$\mathrm{erf}(1) = \frac{2}{\sqrt{\pi}}\int_0^1 e^{-\eta^2}\mathrm{d}\eta \approx \sum_{k=0}^n w_k f(\eta_k)$$

$$= \frac{2}{\sqrt{3.142}}(0.167 \times 1.000 + 0.667 \times 0.779 + 0.167 \times 0.368) = 0.844$$

 ### 6.1.4 求积公式的收敛性和稳定性

接下来给出求积公式随取值间隔减小的收敛性，以及求积公式的计算结果是否稳定的判定方法。

定义 6.2 在式(6-10) 中，若

$$\lim_{\substack{n \to \infty \\ h \to 0}} \sum_{k=0}^{n} w_k f(x_k) = \int_a^b f(x)\,\mathrm{d}x$$

其中，$h = \max_{1 \leqslant i \leqslant n}(x_i - x_{i-1})$，则称式(6-10) 是收敛的。

在式(6-10) 中，由于计算 $f(x_k)$ 可能产生误差 δ_k，实际得到 $\tilde{f}_k$，即 $f(x_k) = \tilde{f}_k + \delta_k$，故

$$I_n(f) = \sum_{k=0}^{n} w_k f(x_k), \quad I_n(\tilde{f}) = \sum_{k=0}^{n} w_k \tilde{f}_k$$

如果对任意小正数 $\varepsilon > 0$，只要误差 $|\delta_k|$ 充分小，就有

$$\left| I_n(f) - I_n(\tilde{f}) \right| = \left| \sum_{k=0}^{n} w_k [f(x_k) - \tilde{f}(x_k)] \right| \leqslant \varepsilon$$

即初始数据误差不会引起计算结果的误差增大，由此可得以下定义。

定义 6.3 对于任意 $\varepsilon > 0$，若存在 $\delta > 0$，只要 $|f(x_k) - \tilde{f}_k| \leqslant \delta$ $(k = 0,1,\cdots,n)$，就有 $\left| I_n(f) - I_n(\tilde{f}) \right| = \left| \sum_{k=0}^{n} w_k [f(x_k) - \tilde{f}(x_k)] \right| \leqslant \varepsilon$，则称求积公式(6-10) 是稳定的。

为保证求积公式稳定，有以下定理。

定理 6.2 若式(6-10) 中系数 $w_k > 0 (0,1,\cdots,n)$，则求积公式是稳定的。

证明 对 $\forall \varepsilon > 0$，若取 $\delta = \dfrac{\varepsilon}{b-a}$，对 $k = 0,1,\cdots,n$ 都要求 $|f(x_k) - \tilde{f}_k| \leqslant \delta$，则

$$\left| I_n(f) - I_n(\tilde{f}) \right| = \left| \sum_{k=0}^{n} w_k [f(x_k) - \tilde{f}(x_k)] \right| \leqslant \sum_{k=0}^{n} |w_k| |f(x_k) - \tilde{f}(x_k)|$$

$$\leqslant \delta \sum_{k=0}^{n} w_k = \delta(b-a) = \varepsilon$$

由定义 6.3 知式(6-10) 是稳定的，证毕。

6.2 牛顿-柯特斯求积公式

 ### 6.2.1 柯特斯系数和辛普森公式

若插值型求积公式(6-10) 中的节点为区间 $[a, b]$ 内的等距节点，即节点为

$x_k = a + kh$，步长为 $h = \dfrac{b-a}{n}$，则当 $n = 1$ 时，该求积公式即为梯形公式：

$$\int_a^b f(x)\, \mathrm{d}x \approx \int_a^b \left[\frac{x-a}{b-a} f(a) + \frac{x-b}{a-b} f(b) \right] \mathrm{d}x$$

$$= \frac{b-a}{2} [f(a) + f(b)] \tag{6-13}$$

当 $n = 2$ 时，该求积公式为：

$$\int_a^b f(x)\, \mathrm{d}x \approx S$$

$$= \int_a^b \left[\frac{\left(x - \dfrac{a+b}{2}\right)(x-b)}{\left(a - \dfrac{a+b}{2}\right)(a-b)} f(a) + \frac{(x-a)(x-b)}{\left(\dfrac{a+b}{2} - a\right)\left(\dfrac{a+b}{2} - b\right)} f\left(\frac{a+b}{2}\right) \right.$$

$$\left. + \frac{(x-a)\left(x - \dfrac{a+b}{2}\right)}{(b-a)\left(b - \dfrac{a+b}{2}\right)} f(b) \right] \mathrm{d}x$$

$$= \frac{b-a}{6} \left[f(a) + 4f\left(\frac{a+b}{2}\right) + f(b) \right] \tag{6-14}$$

这就是辛普森（Simpson）公式，也叫抛物线公式。

推广到任意 n，则可以总结出以下求积公式：

$$I_n = \int_a^b f(x)\mathrm{d}x \approx (b-a) \sum_{k=0}^n C_k^{(n)} f(x_k) \tag{6-15}$$

称为牛顿 – 柯特斯（Newton-Cotes）公式，$C_k^{(n)}$ 称为柯特斯系数。作变换 $x = a + th$，则有

$$C_k^{(n)} = \frac{h}{b-a} \int_0^n \prod_{\substack{j=0 \\ j \neq k}}^n \frac{t-j}{k-j}\, \mathrm{d}t = \frac{(-1)^{n-k}}{nk!(n-k)!} \int_0^n \prod_{\substack{j=0 \\ j \neq k}}^n (t-j)\mathrm{d}t \tag{6-16}$$

柯特斯系数的计算主要涉及多项式积分，容易取得。由表 6 - 1 可知，当 $n = 1$ 时，$C_0^{(1)} = C_1^{(1)} = \dfrac{1}{2}$，此时求积公式为梯形公式（6 - 13）；当 $n = 2$ 时，$C_0^{(2)} = \dfrac{1}{6}$，$C_1^{(2)} = \dfrac{4}{6}, C_2^{(2)} = \dfrac{1}{6}$，此时求积公式为辛普森公式（6 - 14）。当 $n = 4$ 时，得到柯特斯公式，其形式为

$$C = \frac{b-a}{90} [7f(x_0) + 32f(x_1) + 12f(x_2) + 32f(x_3) + 7f(x_4)] \tag{6-17}$$

其中，$x_k = a + kh(k = 0,1,2,3,4), h = \dfrac{b-a}{4}$。

表 6 - 1 柯特斯系数

n	$C_k^{(n)}$								
1	$\dfrac{1}{2}$	$\dfrac{1}{2}$							
2	$\dfrac{1}{6}$	$\dfrac{2}{3}$	$\dfrac{1}{6}$						
3	$\dfrac{1}{8}$	$\dfrac{3}{8}$	$\dfrac{3}{8}$	$\dfrac{1}{8}$					
4	$\dfrac{7}{90}$	$\dfrac{16}{45}$	$\dfrac{2}{15}$	$\dfrac{16}{45}$	$\dfrac{7}{90}$				
5	$\dfrac{19}{288}$	$\dfrac{25}{96}$	$\dfrac{25}{144}$	$\dfrac{25}{144}$	$\dfrac{25}{96}$	$\dfrac{19}{288}$			
6	$\dfrac{41}{840}$	$\dfrac{9}{35}$	$\dfrac{9}{280}$	$\dfrac{34}{105}$	$\dfrac{9}{280}$	$\dfrac{9}{35}$	$\dfrac{41}{840}$		
7	$\dfrac{751}{17280}$	$\dfrac{3577}{17280}$	$\dfrac{49}{640}$	$\dfrac{2989}{17280}$	$\dfrac{2989}{17280}$	$\dfrac{49}{640}$	$\dfrac{3577}{17280}$	$\dfrac{751}{17280}$	
8	$\dfrac{989}{28350}$	$\dfrac{2944}{14175}$	$-\dfrac{464}{14175}$	$\dfrac{5248}{14175}$	$-\dfrac{454}{2835}$	$\dfrac{5248}{14175}$	$-\dfrac{464}{14175}$	$\dfrac{2944}{14175}$	$\dfrac{989}{28350}$

例 6.3 试通过 $n = 4$ 与 $n = 5$ 的牛顿 - 柯特斯公式计算误差函数 $\mathrm{erf}(x) = \dfrac{2}{\sqrt{\pi}} \int_0^x \mathrm{e}^{-\eta^2} \mathrm{d}\eta$ 在 $x = 1$ 时的值。

解 首先取积分节点，并计算其函数值，见表 6 - 2。

表 6 - 2 积分节点及其函数值

η	0.000	0.250	0.500	0.750	1.000
$\mathrm{e}^{-\eta^2}$	1.000	0.939	0.779	0.570	0.368

代入式(6 - 17)，有

$$C = \frac{b - a}{90} \big[7f(\eta_0) + 32f(\eta_1) + 12f(\eta_2) + 32f(\eta_3) + 7f(\eta_4) \big]$$

$$= \frac{1}{90} \big[7 \times 1.000 + 32 \times 0.939 + 12 \times 0.779 + 32 \times 0.570 + 7 \times 0.368 \big]$$

$$= 0.747$$

故 $\mathrm{erf}(1) = \dfrac{2}{\sqrt{\pi}} C = 0.843$。

接下来使用 $n = 5$ 时的牛顿 - 柯特斯公式计算 $\mathrm{erf}(1)$。

取等距积分节点，并计算其函数值，见表 6 - 3。

表6-3 等距积分节点及其函数值

η	0.000	0.200	0.400	0.600	0.800	1.000
$e^{-\eta^2}$	1.000	0.961	0.852	0.698	0.527	0.368

代入式(6-16)，并查表6-1取得柯特斯系数，得

$$I = \frac{b-a}{288}\left[19f(\eta_0) + 75f(\eta_1) + 50f(\eta_2) + 50f(\eta_3) + 75f(\eta_4) + 19f(\eta_5)\right]$$

$$= \frac{1}{288}(19 \times 1.000 + 75 \times 0.961 + 50 \times 0.852 + 50 \times 0.698 + 75 \times 0.527$$

$$+ 19 \times 0.368) = 0.746$$

故 $\text{erf}(1) = \frac{2}{\sqrt{\pi}}I = 0.842$。

6.2.2 牛顿-柯特斯公式的代数精度

由定理6.1可知，n阶牛顿-柯特斯公式至少具有n次代数精度。对于辛普森公式，它是二阶牛顿-柯特斯公式，因此至少有2次代数精度，进一步用$f(x) = x^3$检验，由式(6-14)得

$$S = \frac{b-a}{6}\left[a^3 + 4\left(\frac{a+b}{2}\right)^3 + b^3\right]$$

直接求积得$I = \int_a^b x^3 \mathrm{d}x = \frac{b^4 - a^4}{4}$，此时$S = I$，而它对$f(x) = x^4$不准确成立，故辛普森公式具有3次代数精度。

该结论可以推广到所有n为偶数的n阶牛顿-柯特斯公式中。

定理6.3 当阶数n为偶数时，牛顿-柯特斯公式(6-15)至少具有$n+1$次代数精度。

6.2.3 低阶牛顿-柯特斯求积公式的余项

牛顿-柯特斯公式通常只用$n = 1,2,4$时的三个公式，$n = 1$时为梯形公式，其余项为

$$R_1[f] = I - T = -\frac{(b-a)^3}{12}f''(\eta), \quad \eta \in [a,b] \qquad (6-18)$$

$n = 2$时为辛普森公式，代数精度为3，余项可以表示为

$$R_2[f] = I - S = \int_a^b f(x)\mathrm{d}x - \frac{b-a}{6}\left[f(a) + 4f\left(\frac{a+b}{2}\right)\right.$$

$$\left. + f(b)\right] = -\frac{b-a}{180}\left(\frac{b-a}{2}\right)^4 f^{(4)}(\eta), \eta \in (a,b) \qquad (6-19)$$

$n = 4$ 时为柯特斯公式,其代数精度为 5,余项为

$$R_4[f] = I - C = -\frac{2(b-a)}{945}\left(\frac{b-a}{4}\right)^6 f^{(6)}(\eta), \eta \in (a,b) \qquad (6-20)$$

6.3 复化求积公式

从表 6-1 中可知,当 $n \geq 8$ 时,$C_k^{(n)}$ 出现负值。根据定理 6.2 可知,此时求积公式不稳定。由此可见,不能仅通过提高阶数的方法提高求积公式的代数精度。在第 4 章中提到,解决插值公式龙格现象的方法是采用分段插值的思想构建插值公式。类似地,对于插值型求积公式,我们也可以将积分区间分割成若干小区间,在每个小区间使用低次牛顿-柯特斯求积公式以构建较为精确的求积公式,此即复化求积公式。

6.3.1 复化梯形求积公式

将 $[a,b]$ 划分为 n 等份,即取节点 $x_i = a + ih$,$h = \dfrac{b-a}{n}$,$i = 0,1,\cdots,n-1$,在每个小区间内采用梯形公式,则

$$
\begin{aligned}
I = \int_a^b f(x)\,\mathrm{d}x &= \sum_{i=0}^{n-1} \int_{x_i}^{x_{i+1}} f(x)\,\mathrm{d}x \\
&= \sum_{i=0}^{n-1} \frac{h}{2}[f(x_i) + f(x_{i+1})] + R_n(f)
\end{aligned}
$$

记

$$
\begin{aligned}
T_n &= \sum_{i=0}^{n-1} \frac{h}{2}[f(x_i) + f(x_{i+1})] \\
&= \frac{h}{2}\left[f(a) + 2\sum_{i=1}^{n-1} f(x_i) + f(b)\right] \qquad (6-21)
\end{aligned}
$$

则称式(6-21)为复化梯形公式,其余项为

$$R_n = I - T_n = \sum_{i=0}^{n-1}\left[-\frac{1}{12}h^3 f''(\eta_i)\right], \eta_i \in [x_i, x_{i+1}]$$

由于 $f(x) \in C^2[a,b]$,且 $\min\limits_{0 \leq i \leq n-1} f''(\eta_k) \leq \dfrac{1}{n}\sum\limits_{i=0}^{n-1} f''(\eta_k) \leq \max\limits_{0 \leq i \leq n-1} f''(\eta_k)$,因此存在 $\eta \in (a,b)$,满足

$$f''(\eta) = \frac{1}{n}\sum_{i=0}^{n-1} f''(\eta_k)$$

于是,复化梯形公式余项为

$$R_n(f) = -\frac{n}{12}h^3 f''(\eta) = -\frac{b-a}{12}h^2 f''(\eta), \eta \in (a,b) \qquad (6-22)$$

此时复化梯形公式为 $O(h^2)$ 阶,由式(6-20)知,当 $f(x) \in C^2[a,b]$ 时,若

$\lim\limits_{n\to\infty} T_n = \int_a^b f(x)\,\mathrm{d}x$，则复化梯形公式是收敛的。同时，易知式（6 - 21）中的求积系数均为正，因此复化梯形公式是稳定的。

6.3.2　复化辛普森求积公式

类似地，将区间 $[a, b]$ 划分为 n 等份，记 $[x_i, x_{i+1}]$ 的中点为 $x_{i+\frac{1}{2}}$，在每个小区间上应用辛普森公式，则

$$
\begin{aligned}
I &= \int_a^b f(x)\,\mathrm{d}x \\
&= \sum_{i=0}^{n-1} \frac{h}{6}\left[f(x_i) + 4f(x_{i+\frac{1}{2}}) + f(x_{i+1})\right] + R_n(f)
\end{aligned}
$$

记

$$
\begin{aligned}
S_n &= \sum_{i=0}^{n-1} \frac{h}{6}\left[f(x_i) + 4f(x_{i+\frac{1}{2}}) + f(x_{i+1})\right] \\
&= \frac{h}{6}\left[f(a) + 4\sum_{i=0}^{n-1} f(x_{i+\frac{1}{2}}) + 2\sum_{i=1}^{n-1} f(x_i) + f(b)\right]
\end{aligned} \tag{6 - 23}
$$

则称式（6 - 23）为复化辛普森公式，其余项为

$$
R_n(f) = I - S_n = -\frac{h}{180}\left(\frac{h}{2}\right)^4 \sum_{i=0}^{n-1} f^{(4)}(\eta_i),\ \eta_i \in (x_i, x_{i+1})
$$

于是，当 $f(x) \in C^4[a, b]$ 时，有

$$
R_n(f) = I - S_n = -\frac{b-a}{180}\left(\frac{h}{2}\right)^4 f^{(4)}(\eta),\ \eta \in (a, b) \tag{6 - 24}
$$

与复化梯形公式类似，复化辛普森公式具有收敛性和稳定性。

基于复化辛普森公式的计算过程，设计程序框图，如图 6 - 4 所示。

与图 6 - 4 相对应的 MATLAB 函数文件编写如下：

```
function S = simpson(f, n, a, b)
    h = (b - a)/n
    j = 0
    S = 0
    while j < n
        S1 = h/6 *(f(a + j *h) + 4 *f(a + (j + 1/2) *h) + f(a + (j + 1) *h))
        S = S + S1
        j = j + 1
    end
end
```

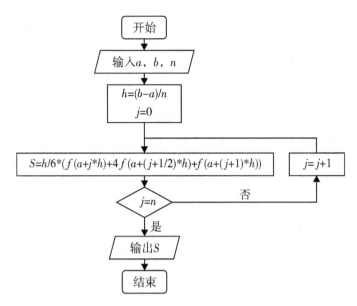

图6-4　复化辛普森公式的程序框图示意

例6.4　对于函数 $f(x) = \dfrac{\sin x}{x}$，给出函数值（表6-4），试用复化梯形公式及复化辛普森公式计算积分 $I = \displaystyle\int_0^1 \dfrac{\sin x}{x}\mathrm{d}x$，并估计误差。

表6-4　$f(x) = \dfrac{\sin x}{x}$ 的函数值

x	$f(x)$
0	1
$\dfrac{1}{8}$	0.9973978
$\dfrac{1}{4}$	0.9896158
$\dfrac{3}{8}$	0.9767267
$\dfrac{1}{2}$	0.9588510
$\dfrac{5}{8}$	0.9361556
$\dfrac{3}{4}$	0.9088516
$\dfrac{7}{8}$	0.8771925
1	0.8414709

解　将区间 $[0,1]$ 划分为 8 等份，应用复化梯形公式，得

$$T_8 = \frac{1}{8}\Big[\frac{f(0)}{2} + f\Big(\frac{1}{8}\Big) + f\Big(\frac{1}{4}\Big) + f\Big(\frac{3}{8}\Big) + f\Big(\frac{1}{2}\Big) + f\Big(\frac{5}{8}\Big) + f\Big(\frac{3}{4}\Big)$$

$$+ f\Big(\frac{7}{8}\Big) + \frac{f(1)}{2}\Big] \approx 0.9456909$$

如果将 $[0,1]$ 划分为 4 等份，应用复化辛普森公式，得

$$S_4 = \frac{1}{4 \times 6}\Big\{f(0) + 4\Big[f\Big(\frac{1}{8}\Big) + f\Big(\frac{3}{8}\Big) + f\Big(\frac{5}{8}\Big) + f\Big(\frac{7}{8}\Big)\Big]$$

$$+ 2\Big[f\Big(\frac{1}{4}\Big) + f\Big(\frac{1}{2}\Big) + f\Big(\frac{3}{4}\Big)\Big] + f(1)\Big\} \approx 0.9460833$$

比较上述两个结果，它们都需要提供 9 个点以上的函数值，其计算量基本相同，然而精度却相差很大，同积分的准确值 $I = 0.9460831$ 相比较，复化辛普森公式的结果 $S_4 = 0.9460833$ 远比复化梯形公式的结果精度高。

为利用余项来估计误差，要求 $f(x) = \dfrac{\sin x}{x}$ 的高阶导数。因为

$$f(x) = \frac{\sin x}{x} = \int_0^1 \cos xt \, \mathrm{d}t$$

所以

$$f^{(k)}(x) = \int_0^1 \frac{\mathrm{d}^k}{\mathrm{d}x^k}(\cos xt)\,\mathrm{d}t = \int_0^1 t^k \cos\Big(xt + \frac{k\pi}{2}\Big)\mathrm{d}t$$

于是

$$\max_{0 \leqslant x \leqslant 1} |f^{(k)}(x)| \leqslant \int_0^1 \Big|\cos\Big(xt + \frac{k\pi}{2}\Big)\Big| \, t^k \, \mathrm{d}t \leqslant \int_0^1 t^k \, \mathrm{d}t = \frac{1}{k+1}$$

由式 $(6-22)$ 可得复化梯形公式的误差为

$$|R_8(f)| = |I - T_8| \leqslant \frac{h^2}{12}\max_{0 \leqslant x \leqslant 1}|f''(x)| \leqslant \frac{1}{12} \times \Big(\frac{1}{8}\Big)^2 \times \frac{1}{3} = 0.000434$$

由式 $(6-24)$ 可得复化辛普森公式的误差为

$$|R_4(f)| = |I - S_4| \leqslant \frac{1}{2880} \times \Big(\frac{1}{4}\Big)^4 \times \frac{1}{5} = 0.271 \times 10^{-6}$$

例 6.5　使用复化辛普森方法，在积分区间内取 1 个等距插值点，计算当 $x = 1$ 时，式 $(6-2)$ 中出现的误差函数 $\mathrm{erf}(\eta) = \dfrac{2}{\sqrt{\pi}}\displaystyle\int_0^x \mathrm{e}^{-\eta^2}\mathrm{d}\eta$ 的值，计算结果保留五位小数。

解　根据题意，该等距插值点为 $\eta = 0.50000$，则应用复化辛普森方法时需要计算表 $6-5$ 列出的节点的被积函数值。

表 6 - 5　节点及被积函数值

η	0.00000	0.25000	0.50000	0.75000	1.00000
$e^{-\eta^2}$	1.00000	0.93941	0.77880	0.56978	0.36788

代入复化辛普森公式，有

$$
\begin{aligned}
S_2 &= \sum_{i=0}^{1} \frac{h}{6}\Big[f(x_i) + 4f\Big(x_{i+\frac{1}{2}}\Big) + f(x_{i+1})\Big] \\
&= \frac{h}{6}\Big[f(a) + 4\sum_{i=0}^{1} f\Big(x_{i+\frac{1}{2}}\Big) + 2\sum_{i=1}^{1} f(x_i) + f(b)\Big] \\
&= \frac{0.5}{6}\big[f(0.00000) + 4f(0.25000) + 2f(0.50000) + 4f(0.75000) \\
&\quad + f(1.00000)\big] \\
&= 0.74685
\end{aligned}
$$

由此得

$$
\mathrm{erf}(1) \approx \frac{2}{\sqrt{\pi}} S_2 = 0.84273
$$

例 6.6　在简单蒸馏釜内，蒸馏 1000 kg 的 55% C_2H_5OH 和 45% H_2O 组成的混合液。蒸馏结束时，残液中含 5% C_2H_5OH。试计算残液的质量。该体系气液平衡数据见表 6 - 6，其中，x 为液相中的 C_2H_5OH 的质量分数，y 为气相中的 C_2H_5OH 的质量分数。

表 6 - 6　气液平衡数据

x	$\dfrac{1}{y-x}$	x	$\dfrac{1}{y-x}$
0.025	5.00	0.35	2.64
0.05	3.22	0.40	2.90
0.10	2.40	0.45	3.29
0.15	2.22	0.50	3.74
0.20	2.20	0.55	4.38
0.25	2.27	0.60	5.29
0.30	2.44	0.65	6.66

解　对于简单蒸馏，有雷利公式，即

$$
\ln \frac{F}{W} = \int_{x_w}^{x_f} \frac{\mathrm{d}x}{y-x}
$$

式中，F 为原料液量，W 为残液量，x_f 为原料液组成，x_w 为残液组成。由于题目给

出的函数关系式以列表函数表示，故需要采用数值积分法计算。采用复化辛普森法，
编写计算程序如下：

```
x = [0.05,0.10,0.15,0.20,0.25,0.30,0.35,0.40,0.45,0.50,0.55,0.60];
fx = [3.22,2.40,2.22,2.20,2.27,2.44,2.64,2.90,3.29,3.74,4.38,5.29];
f = containers.Map(x,fx)                %定义列表函数
a = 0.05
b = 0.60
n = 5
h = 0.1
j = 0
S = 0
while j < n
  p = roundn(a + j * h, -5)          %设置自变量精度以确保正确使用列表函数
  q = roundn(a + (j + 1) * h, -5)
  r = roundn(a + (j + 1/2) * h, -5)
  S1 = h/6 * (f(p) + 4 * f(q) + f(r))
  S = S + S1
  j = j + 1
end
W = exp(log(1000) - S);
disp(['W = ',num2str(W)])
```

计算可得 $S = 1.4420$，残液质量为 236.4544 kg。

6.3.3 复化柯特斯求积公式

记 $x_{i+\frac{1}{4}} = x_i + \frac{1}{4}h, x_{i+\frac{1}{2}} = x_i + \frac{1}{2}h, x_{i+\frac{3}{4}} = x_i + \frac{3}{4}h$，对每个小区间内的积分

$\int_{x_i}^{x_{i+1}} f(x)\,dx$ 应用柯特斯公式，可以得到复化柯特斯公式，为

$$C_n(f) = \sum_{i=0}^{n-1} \frac{h}{90}\big[7f(x_i) + 32f(x_{i+\frac{1}{4}}) + 12f(x_{i+\frac{1}{2}}) + 32f(x_{i+\frac{3}{4}}) + 7f(x_{i+1})\big] \qquad (6-25)$$

其误差余项为

$$R_{C_n}(f) = I(f) - C(f) = -\frac{2(b-a)}{945}\left(\frac{h}{4}\right)^6 f^6(\eta), \eta \in (a,b) \qquad (6-26)$$

6.4　变步长积分方法

应用复化求积公式计算定积分 $\int_a^b f(x)\,\mathrm{d}x$ 时，根据截断误差 $|R(f)| < \varepsilon$ 确定步长 h 通常较为困难。根据数值积分的余项公式可知，若函数高阶导数有界，当 $h \to 0$ 时，总有 $R(f) \to 0$。即只要 h 足够小，总能满足误差要求。然而，如果步长 h 初值过小，误差要求虽然得到了保证，但积分计算效率却会严重降低。因此，在使用复化方法求积时经常采用逐步缩小步长的方法，即先取步长 h 进行计算，然后将步长减半再计算，比较两次的结果，若相差较大，则再将步长减半进行计算，依次进行，直至两次结果之差小于所允许的误差，取最小步长的计算结果作为积分近似值。这种方法称为变步长积分法。

6.4.1　变步长梯形公式

我们首先从复化梯形公式出发，推导变步长梯形公式。将求积区间 $[a, b]$ 进行 n 等分，共有 $n+1$ 个节点，若将区间再二分一次，节点增加至 $2n+1$ 个，每个子区间 $[x_k, x_{k+1}]$ 经过二分增加了一个节点 $x_{k+\frac{1}{2}} = \frac{1}{2}(x_k + x_{k+1})$，用复化梯形公式求得该子区间内的积分值为 $\frac{h}{4}[f(x_k) + 2f(x_{k+\frac{1}{2}}) + f(x_{k+1})]$。此时 $h = \dfrac{b-a}{n}$ 代表二分前的步长，将每个子区间的积分值相加，得

$$T_{2n}(f) = \frac{h}{4}\sum_{k=0}^{n-1}\left[f(x_k) + f(x_{k+1})\right] + \frac{h}{2}\sum_{k=0}^{n-1}f(x_{k+\frac{1}{2}})$$

由此可得

$$T_{2n}(f) = \frac{1}{2}T_n(f) + \frac{h}{2}\sum_{k=0}^{n-1}f(x_{k+\frac{1}{2}})$$

即由 $T_n(f)$ 的结果计算 $T_{2n}(f)$ 时只需要增加 n 个点的函数值。

综上，复化梯形公式的递推形式为

$$\begin{cases} T_1(f) = \dfrac{b-a}{2}[f(a) + f(b)] \\[2mm] T_{2n}(f) = \dfrac{1}{2}\,T_n(f) + \dfrac{b-a}{2n}\sum_{k=0}^{n-1}f(x_{k+\frac{1}{2}}) \end{cases} \tag{6-27}$$

例 6.7　利用变步长梯形公式计算 $I = \int_0^1 \dfrac{\sin x}{x}\,\mathrm{d}x$ 的近似值。

解　$T_1 = \dfrac{1}{2}[f(0) + f(1)] = 0.9207355$

$T_2 = \dfrac{1}{2}T_1 + \dfrac{1}{2}f\left(\dfrac{1}{2}\right) = 0.9207355$

$$T_4 = \frac{1}{2}T_2 + \frac{1}{4}\left[f\left(\frac{1}{4}\right) + f\left(\frac{3}{4}\right)\right] = 0.9445135$$

$$T_8 = \frac{1}{2}T_4 + \frac{1}{8}\left[f\left(\frac{1}{8}\right) + f\left(\frac{3}{8}\right) + f\left(\frac{5}{8}\right) + f\left(\frac{7}{8}\right)\right] = 0.956909$$

以此类推计算。

变步长梯形公式的误差可以利用计算结果估计。将区间 $[a, b]$ 等分为 n 个子区间，此时 $h = \dfrac{b-a}{n}$，由复化梯形公式的余项可得

$$R_{T_n}(f) = I(f) - T_n(f) = -\frac{1}{12}h^2[f'(b) - f'(a)]$$

再将上述每个子区间二等分，获得 $2n$ 个子区间，则有

$$R_{T_{2n}}(f) = I(f) - T_{2n}(f) = -\frac{1}{12}\left(\frac{h}{2}\right)^2[f'(b) - f'(a)]$$

将上述两式相比，得 $\dfrac{I(f) - T_n(f)}{I(f) - T_{2n}(f)} \approx 4$，由此可得

$$I(f) - T_n(f) \approx \frac{4}{3}[T_{2n}(f) - T_n(f)]$$

或

$$I(f) - T_{2n}(f) \approx \frac{1}{3}[T_{2n}(f) - T_n(f)] \tag{6 - 28}$$

因此，当 $T_{2n}(f)$ 与 $T_n(f)$ 之差小于允许误差时，$|R_{T_{2n}}(f)|$ 也应该小于允许误差。这种利用计算结果来进行误差估计的方法，称为后验误差估计。

6.4.2　龙贝格算法

梯形递推公式算法简单，易于通过计算机实现，但收敛速度较慢。若能够利用式(6 - 28) 给出的后验误差修正计算结果，则可以提高求积公式误差收敛的速率。

以梯形递推公式为例，对于式(6 - 28)，若 $n = 1$，则利用后验误差估计值修正的求积公式可以写为

$$\widehat{T} = T_1 + \frac{4}{3}(T_2 - T_1) = \frac{4}{3}T_2 - \frac{1}{3}T_1$$

$$= \frac{4}{3}\frac{b-a}{4}\left[f(a) + 2f\left(\frac{a+b}{2}\right) + f(b)\right] - \frac{1}{3}\frac{b-a}{2}[f(a) + f(b)]$$

$$= \frac{b-a}{6}\left[f(a) + 4f\left(\frac{b-a}{2}\right) + f(b)\right] = S_1$$

也就是说，通过后验误差估计值校正梯形公式可以得到辛普森公式。同理，对于任意偶数 n，通过校正 T_n 值，可以得到 $S_{n/2}$ 的值，即通过线性组合 T_n 和 $T_{n/2}$ 的值，可以提高误差阶，进而加快求积公式的收敛速度。

接下来将这一方法推广。已知在牛顿 - 柯特斯公式中，当阶数 n 为奇数时，其精

度为 n 阶，误差阶为 $n+1$；当阶数 n 为偶数时，其精度为 $n+1$ 阶，即误差阶为 $n+2$。

定理 6.4 设对于 $f(x) \in C^{\infty}[a, b]$，梯形公式与精确积分式的差可以写作

$$T(h) = I(f) + \alpha_1 h^2 + \alpha_2 h^4 + \cdots + \alpha_l h^{2l} + \cdots$$

其中，系数 $\alpha_l(l = 1, 2, \cdots)$ 与 h 无关但与 $f(x)$ 有关。

由于系数 α_l 与 h 无关，故将积分区间再次二等分后可得

$$T\left(\frac{h}{2}\right) = I(f) + \alpha_1 \frac{h^2}{4} + \alpha_2 \frac{h^4}{16} + \cdots + \alpha_l \left(\frac{h}{2}\right)^2 l + \cdots$$

进而可得

$$S(h) = \frac{4T\left(\dfrac{h}{2}\right) - T(h)}{3} = I(f) + \beta_1 h^4 + \beta_2 h^6 + \cdots \qquad (6-29)$$

其中，$\beta_1, \beta_2, \cdots$ 是与 h 无关的系数。若用 $S(h)$ 来近似 $I(f)$，则误差阶提高到 $O(h^4)$。事实上，$S(h)$ 就是复化辛普森公式。上面的这种通过线性组合提高误差阶的方法就是外推算法，或称为理查森（Richardson）外推算法。

类似地，从式 $(6-29)$ 出发，结合 $S\left(\dfrac{h}{2}\right)$，可以得到

$$C(h) = \frac{16S\left(\dfrac{h}{2}\right) - S(h)}{15} = I(f) + r_1 h^6 + r_2 h^8 + \cdots \qquad (6-30)$$

式 $(6-30)$ 称为复化柯特斯公式，其精度为 $O(h^6)$。

从式 $(6-30)$ 出发，结合 $C\left(\dfrac{h}{2}\right)$，通过外推法可以获得误差为 $O(h^8)$ 的龙贝格（Romberg）公式，为

$$R(h) = \frac{1}{63}\left[64C\left(\frac{h}{2}\right) - C(h)\right] \qquad (6-31)$$

由此可见，我们可以在积分区间逐次折半的过程中利用式 $(6-29)$ 至式 $(6-31)$ 等，将精度较低的近似值 T_n 逐步"改进"为精度更高的近似值 S_n、C_n、R_n 等，也就是将收敛缓慢的梯形序列 $\{T_{2k}\}$ "改进"为收敛速度逐渐加快的 $\{S_{2k}\}$、$\{C_{2k}\}$、$\{R_{2k}\}$。这一加速方法即为龙贝格求积算法。其计算过程按照图 6-5 中的圆圈号码依次进行。

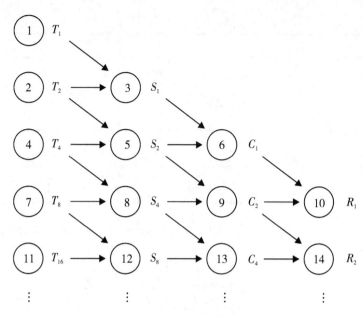

图 6-5　龙贝格算法计算流程示意

为统一前述公式以方便计算机程序编写，重新引入记号 $T_0(h) = T(h)$，$T_1(h) = S(h)$，$T_2(h) = C(h)$，$T_3(h) = R(h)$ 等，则 $T(h)$ 经过 $m(m = 1,2,3,\cdots)$ 次加速的求积公式 $T_m(h)$ 可以统一写为

$$T_m(h) = \frac{4^m}{4^m - 1}T_{m-1}\left(\frac{h}{2}\right) - \frac{1}{4^m - 1}T_{m-1}(h) \tag{6-32}$$

余项可以统一写作

$$T_m(h) = I + \delta_1 h^{2(m+1)} + \delta_2 h^{2(m+2)} + \cdots \tag{6-33}$$

设以 $T_0^{(k)}$ 表示二分 k 次之后求得的梯形值，以 $T_m^{(k)}$ 表示序列 $\{T_0^{(k)}\}$ 的 m 次加速值，则可得

$$T_m^{(k)} = \frac{4^m}{4^m - 1}T_{m-1}^{(k+1)} - \frac{1}{4^m - 1}T_{m-1}^{(k)}, \quad k = 1,2,\cdots \tag{6-34}$$

式(6-34) 即为龙贝格求积算法的通用表达式。计算中可以编写 T 值（表6-7）以方便判断收敛性，其中，$h = \dfrac{b-a}{2^k}$ 为子区间长度，上标 (k) 表示第 k 步外推。

表 6-7　T 值

k	h	$T_0^{(k)}$	$T_1^{(k)}$	$T_2^{(k)}$	$T_3^{(k)}$	$T_4^{(k)}$	$\cdots$
0	$b-a$	$T_0^{(0)}$					
1	$\dfrac{b-a}{2}$	$T_0^{(1)}$	$T_1^{(0)}$				

续上表

k	h	$T_0^{(k)}$	$T_1^{(k)}$	$T_2^{(k)}$	$T_3^{(k)}$	$T_4^{(k)}$	$\cdots$
2	$\dfrac{b-a}{4}$	$T_0^{(2)}$	$T_1^{(1)}$	$T_2^{(0)}$			
3	$\dfrac{b-a}{8}$	$T_0^{(3)}$	$T_1^{(2)}$	$T_2^{(1)}$	$T_3^{(0)}$		
4	$\dfrac{b-a}{16}$	$T_0^{(4)}$	$T_1^{(3)}$	$T_2^{(2)}$	$T_3^{(1)}$	$T_4^{(0)}$	
$\vdots$	$\vdots$	$\vdots$	$\vdots$	$\vdots$	$\vdots$	$\vdots$	$\vdots$

由此可知，若 $f(x)$ 充分光滑，那么 T 值表内每一列元素及对角线元素均收敛到所求的积分值，即

$$\lim_{k \to \infty} T_m^{(k)} = I$$
$$\lim_{m \to \infty} T_m^{(0)} = I$$

 ### 6.4.3 龙贝格算法程序框图和计算程序

根据图 6-5，龙贝格算法的计算过程如下：

（1）取 $k=0$，$h=b-a$，求 $T_0^{(0)} = \dfrac{h}{2}[f(a)+f(b)]$。

（2）将 k 变为 1，即将区间进行一次二分。

（3）计算 $T_0^{(k)} = T_0\left(\dfrac{b-a}{2^k}\right)$。

（4）利用式（6-34）计算 $T_j^{(k-j)} = \dfrac{4^j}{4^j-1}T_{j-1}^{(k-j+1)} - \dfrac{1}{4^j-1}T_{j-1}^{(k-j)}$，$j=1,2,\cdots,k$，即求出 T 值表的第 k 行各元素。

（5）若 $|T_k^{(0)} - T_{k-1}^{(0)}| < \varepsilon$（预先给定的精度），则终止计算，并取 $T_k^{(0)} \approx I$；否则令 $k+1 \to k$，转步骤（3），即增加区间的二分次数，继续计算。

龙贝格算法的程序框图如图 6-6 所示。

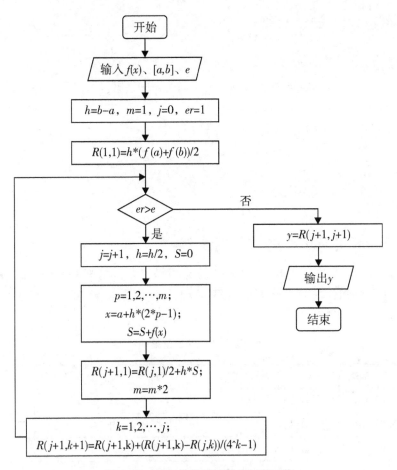

图 6-6　龙贝格算法的程序框图示意

相对应的 MATLAB 计算程序如下：

```
function y = Romberg(f, a, b, e)
  h = b - a;
  R(1,1) = h * (f(a) + f(b))/2;
  m = 1; j = 0; er = 1;
  while er > e
    j = j + 1;
    h = h/2;
    S = 0;
    for p = 1 : m
      x = a + h * (2 * p - 1);
      S = S + f(x);
    end
```

```
R(j + 1,1) = R(j,1)/2 + h * S;
m = 2 * m;
for k = 1 : j
   R(j + 1,k + 1) = R(j + 1,k) + (R(j + 1,k) - R(j,k))/(4^k - 1);
end
er = abs(R(j + 1,j) - R(j + 1,j + 1));
end
y = R(j + 1,j + 1);
k0 = 0 : 1 : j; T = [k0', R]
end
```

例 6.8 用龙贝格算法求积分 $I = \int_0^1 x^{\frac{3}{2}} \mathrm{d}x$。

解 $f(x) = x^{\frac{3}{2}}$ 在 $[0,1]$ 上为一次连续可微，龙贝格算法的计算结果见表 6 - 8。从表 6 - 8 可知，用龙贝格算法计算 $k = 5$ 的精度提高至 10^{-5}。此时 I 的精确值为 0.40000。

表 6 - 8 计算结果

k	$T_0^{(k)}$	$T_1^{(k)}$	$T_2^{(k)}$	$T_3^{(k)}$	$T_4^{(k)}$	$T_5^{(k)}$
0	0.500000					
1	0.426777	0.402369				
2	0.407018	0.400432	0.400302			
3	0.401812	0.400077	0.400054	0.400050		
4	0.400463	0.400014	0.400009	0.400009	0.400009	
5	0.400118	0.400002	0.400002	0.400002	0.400002	0.400002

例 6.9 燃料电池的去极化过程动力学可以通过简化模型取得。该模型指出电极上 O_2 消耗用时与 O_2 浓度变化的函数关系可以通过积分表示，O_2 消耗 50% 所需的时间可以表示为

$$T = -\int_{1.22 \times 10^{-6}}^{0.6 \times 10^{-6}} \frac{6.73x + 4.3025 \times 10^{-7}}{2.316 \times 10^{-11} x} \mathrm{d}x$$

将积分区间等分为 8 份，通过复化梯形公式计算可得积分值（表 6 - 9）。

表 6 - 9 计算结果

n	积分值/s
1	191190
2	190420

续上表

n	积分值/s
3	190260
4	190200
5	190180
6	190170
7	190160
8	190150

试借助上述结果，通过龙贝格算法计算消耗50% O_2 所需的时间。

解　根据表6–7，可以从表6–9中选取计算所需值：
$$T_0^{(0)} = 191190$$
$$T_0^{(1)} = 191420$$
$$T_0^{(2)} = 191200$$
$$T_0^{(3)} = 191050$$

首先计算各 $T_1^{(k)}$：
$$T_1^{(0)} = \frac{4}{3}T_0^{(1)} - \frac{1}{3}T_0^{(0)} = 190160$$
$$T_1^{(1)} = \frac{4}{3}T_0^{(2)} - \frac{1}{3}T_0^{(1)} = 190130$$
$$T_1^{(2)} = \frac{4}{3}T_0^{(3)} - \frac{1}{3}T_0^{(2)} = 190130$$

然后计算各 $T_2^{(k)}$：
$$T_2^{(0)} = \frac{16}{15}T_1^{(1)} - \frac{1}{15}T_1^{(0)} = 190120$$
$$T_2^{(1)} = \frac{16}{15}T_1^{(2)} - \frac{1}{3}T_1^{(1)} = 190130$$

最后计算 $T_3^{(k)}$：
$$T_3^{(0)} = \frac{64}{63}T_2^{(1)} - \frac{1}{63}T_2^{(0)} = 190130$$

因此，O_2 消耗50%的耗时为190130 s。

6.5 高斯求积公式

 ## 6.5.1 高斯求积公式的建立

牛顿-柯特斯公式基于等距节点插值取得,此时 n 阶机械求积公式 $\int_a^b f(x)\,\mathrm{d}x \approx$ $\sum_{k=0}^{n} A_k f(x_k)$ 有 $n+1$ 个待定系数,使求积精度至少可达 n 次。不过,若不要求节点等距,则机械求积公式含有 $2n+2$ 个待定参数,即 x_k 和 $A_k(k=0,1,\cdots,n)$。如果选择适当的 x_k,有可能使求积公式具有 $2n+1$ 次代数精度。

例 6.10 对于求积公式 $\int_{-1}^{1} f(x)\,\mathrm{d}x \approx A_0 f(x_0) + A_1 f(x_1)$,试确定节点 x_0 及 x_1,系数 A_0 及 A_1,使求积公式具有尽可能高的代数精度。

解 求积公式中共有 4 个待定参数,故以此取被积函数为 $1, x, x^2, x^3$ 代入求积公式,可得方程组

$$\begin{cases} A_0 + A_1 = 2 \\ A_0 x_0 + A_1 x_1 = 0 \\ A_0 x_0^2 + A_1 x_1^2 = \dfrac{2}{3} \\ A_0 x_0^3 + A_1 x_1^3 = 0 \end{cases}$$

解得

$$x_0 = -\frac{\sqrt{3}}{3}, \ x_1 = \frac{\sqrt{3}}{3}, \ A_0 = A_1 = 1$$

因此,求积公式为

$$\int_{-1}^{1} f(x)\,\mathrm{d}x \approx f\left(-\frac{\sqrt{3}}{3}\right) + f\left(\frac{\sqrt{3}}{3}\right)$$

当 $f(x) = x^4$ 时,上式两端分别等于 $\dfrac{2}{5}$ 和 $\dfrac{2}{9}$。故上述求积公式对 x^4 不准确成立,其代数精度为 3。可见,在放开插值节点位置要求后,可以用两个插值节点构建出代数精度为 $2n+1=3$ 的积分公式。

将上述过程进行推广,对于带权积分 $I = \int_a^b \rho(x) f(x)\,\mathrm{d}x$,其中 $\rho(x)$ 为权函数,其求积公式为

$$\int_a^b \rho(x) f(x)\,\mathrm{d}x \approx \sum_{i=0}^{n} A_k f(x_k) \tag{6-35}$$

式中,$A_k(k=0,1,\cdots,n)$ 不依赖于 $f(x)$,$x_k(k=0,1,\cdots,n)$ 为求积节点,可以适当

选择 x_k 和 A_k，使式（6 - 35）具有 $2n + 1$ 次代数精度，所得求积公式即为高斯求积公式。

定义 6.4 若一组节点 $a \leqslant x_0 < x_1 < \cdots < x_n \leqslant b$ 使插值型求积公式（6 - 35）具有 $2n + 1$ 次代数精度，则称此组节点为高斯点，并称此求积公式为高斯求积公式。

根据定义，为使式（6 - 35）具有 $2n + 1$ 次代数精度，只要取 $f(x) = x^m (m = 0, 1, \cdots, 2n + 1)$ 精确成立，则

$$\int_a^b x^m \rho(x) \mathrm{d}x = \sum_{k=0}^n A_k x_k^m, \ m = 0, 1, \cdots, 2n + 1 \tag{6 - 36}$$

表 6 - 10 列出了定积分区间为 $[-1, 1]$，权函数 $\rho(x) \equiv 1$ 时节点数 n 为 2 ~ 5 的高斯求积公式的所有节点信息。

表 6 - 10   高斯求积公式的节点位置与系数

节点数 n	节点 x_k	系数 A_k	余项 $R[f]$
2	± 0.57735027	1	$f^{(4)}(\xi) / 135$
3	± 0.77459667 0	0.55555556 0.88888889	$f^{(6)}(\xi) / 15750$
4	± 0.86113631 ± 0.33998104	0.34785485 0.65214515	$f^{(8)}(\xi) / 34872875$
5	± 0.90617985 ± 0.53846931 0	0.23692689 0.47862867 0.56888889	$f^{(10)}(\xi) / 1237732650$

直接计算高斯点位置需要求解前述非线性方程组，较为麻烦。可以通过以下定理，更方便地针对一般性的情况构建高斯求积公式。

定理 6.5 插值型求积公式（6 - 35）的节点 $a \leqslant x_0 < x_1 < \cdots < x_n \leqslant b$ 是高斯点的充分必要条件是以这些节点为零点的多项式 $\omega_{n+1}(x) = (x - x_0)(x - x_1) \cdots (x - x_n)$ 与任何次数不超过 n 的多项式 $p(x)$ 带权 $\rho(x)$ 正交，即

$$\int_a^b \rho(x) \omega_{n+1}(x) p(x) \mathrm{d}x = 0 \tag{6 - 37}$$

证明   必要性证明。设 $p(x) \in H_n$，则 $p(x) \omega_{n+1}(x) \in H_{2n+1}$，因此，若 $x_0, x_1, \cdots, x_n$ 是高斯点，则式（6 - 37）对 $f(x) = p(x) \omega_{n+1}(x)$ 精确成立，即有

$$\int_a^b \rho(x) \omega_{n+1}(x) p(x) \mathrm{d}x = \sum_{k=0}^n A_k p(x_k) \omega_{n+1}(x_k)$$

因为 $\omega_{n+1}(x_k) = 0 (k = 0, 1, \cdots, n)$，故式（6 - 37）成立。

充分性证明。对于 $\forall f(x) \in H_{2n+1}$，用 $\omega_{n+1}(x)$ 除 $f(x)$，商记为 $p(x)$，余项记为 $q(x)$，即 $f(x) = p(x) \omega_{n+1}(x) + q(x)$，其中 $p(x), q(x) \in H_n$。由式（6 - 37）得

$$\int_a^b f(x)\rho(x)\,\mathrm{d}x = \int_a^b q(x)\rho(x)\,\mathrm{d}x$$

由于上式为插值型，故它对于 $q(x) \in H_n$ 是精确的，即

$$\int_a^b q(x)\rho(x)\,\mathrm{d}x = \sum_{k=0}^n A_k q(x_k)$$

又因为 $\omega_{n+1}(x_k) = 0(k = 0,1,\cdots,n)$，所以 $q(x_k) = f(x_k)$，从而有

$$\int_a^b f(x)\rho(x)\,\mathrm{d}x = \int_a^b q(x)\rho(x)\,\mathrm{d}x = \sum_{k=0}^n A_k f(x_k)$$

因此，式(6 - 37) 对一切次数不超过 $2n + 1$ 的多项式均精确成立，即节点 x_0，$x_1,\cdots,x_n$ 是高斯点。

定理 6.5 说明在 $[a,b]$ 上带权 $\rho(x)$ 的 $n + 1$ 次正交多项式的零点即为式(6 - 37) 的高斯点，有了求积节点 $x_k(k = 0,1,\cdots,n)$，再利用式(6 - 36) 对 $m = 0,1,\cdots,n$ 成立，就可以获得一组关于求积系数 A_k 的线性方程组，解方程组可得 A_k 值。也可以直接由 $x_0,x_1,\cdots,x_n$ 的插值多项式求出求积系数 A_k。

6.5.2 高斯求积公式的余项

以 $x_0,x_1,\cdots,x_n$ 为插值节点构造不超过 $2n + 1$ 次的多项式 $H_{2n+1}(x)$，使其满足

$$H_{2n+1}(x_k) = f(x_k)，H'_{2n+1}(x_k) = f'(x_k)，k = 0,1,\cdots,n$$

于是

$$f(x) = H_{2n+1}(x) + \frac{f^{(2n+2)}(\xi)}{(2n + 2)!}w_{n+1}^2(x)$$

两端同时乘以 $\rho(x)$，再在区间 $[a,b]$ 上积分，则得

$$I = \int_a^b f(x)\rho(x)\,\mathrm{d}x = \int_a^b H_{2n+1}(x)\rho(x)\,\mathrm{d}x + R_n[f]$$

由于高斯求积公式对 $2n + 1$ 次多项式精确成立，故

$$\int_a^b H_{2n+1}(x)\rho(x)\,\mathrm{d}x = \sum_{k=0}^n A_k H_{2n+1}(x_k) = \sum_{k=0}^n A_k f(x_k)$$

$$R_n[f] = I - \sum_{k=0}^n A_k f(x_k) = \int_a^b \frac{f^{(2n+2)}(\xi)}{(2n + 2)!}w_{n+1}^2(x)\rho(x)\,\mathrm{d}x$$

因为 $w_{n+1}^2(x)\rho(x) \geq 0$，所以由积分中值定理可得高斯求积公式余项，为

$$R_n[f] = \int_a^b \frac{f^{(2n+2)}(\eta)}{(2n + 2)!}w_{n+1}^2(x)\rho(x)\,\mathrm{d}x \qquad (6 - 38)$$

下面讨论高斯求积公式的稳定性与收敛性。

定理 6.6 高斯求积公式(6 - 35) 的求积系数 $A_k(k = 0,1,\cdots,n)$ 全部为正。

证明 $l_k = \prod_{\substack{j=0 \\ j \neq k}}^n \dfrac{x - x_j}{x_k - x_j}$ 是 n 次多项式，因此 $l_k^2(x)$ 是 $2n$ 次多项式，故高斯求积

公式(6 - 35) 对于它能准确成立，即有

$$0 < \int_a^b l_k^2(x)\rho(x)\,\mathrm{d}x \approx \sum_{i=0}^n A_i l_k^2(x_i)$$

注意到 $l_k(x_i) = \delta_{ki}$，即

$$l_k(x_i) = \prod_{\substack{j=0 \\ j\neq k \\ j\neq i}}^n \frac{x_i - x_j}{x_k - x_j} \times \frac{x_i - x_i}{x_k - x_i} = 0 (i \neq k)$$

$$l_k(x_k) = \prod_{\substack{j=0 \\ j\neq k \\ j\neq i}}^n \frac{x_k - x_j}{x_k - x_j} = 1 (i = k)$$

当且仅当 $i = k$ 时 $A_i l_k^2(x_i) = A_i$，否则为 0，故

$$\sum_{i=0}^n A_i l_k^2(x_i) = A_k$$

从而有

$$A_k = \int_a^b l_k^2 \rho(x)\,\mathrm{d}x > 0$$

定理得证。

推论 6.1　高斯求积公式(6-35) 是稳定的。

定理 6.7　设 $f(x) \in C[a,b]$，则高斯求积公式(6-35) 是收敛的，即

$$\lim_{n\to\infty} \sum_{k=0}^n A_k f(x_k) = \int_a^b f(x)\rho(x)\,\mathrm{d}x \tag{6-39}$$

6.6　数值微分

在化工实践中，微分是一种重要的运算。例如，在反应器模拟中，需要判断反应何时达到稳态，此时需要通过微动力学模拟考察反应物浓度与时间的关系。在达到稳态时，各反应物浓度对时间的导数应当为 0。然而，如图 6-7 所示，反应物浓度对时间的函数难以写成解析形式。此时需要通过数值微分算法来取得所求导数。本节介绍数值微分思想与几种常用的数值微分算法。

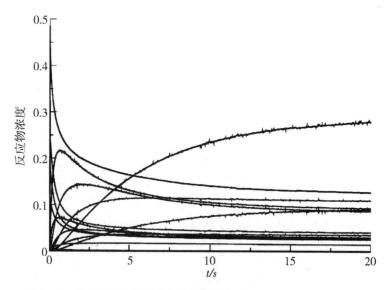

图 6 - 7　某表面催化体系中间体覆盖度与时间关系的数值模拟结果

6.6.1　差商公式及误差分析

数值微分可以通过函数值的线性组合近似函数在某点的导数值。由导数的定义

$$\frac{\mathrm{d}}{\mathrm{d}x}f(x) = \lim_{\Delta x \to 0} \frac{f(x + \Delta x) - f(x)}{\Delta x}$$

可知，可以简单地用差商近似导数，于是得到以下数值微分公式：

$$\begin{cases} f'(x) \approx \dfrac{f(x_0 + h) - f(x_0)}{h} \\ f'(x) \approx \dfrac{f(x_0) - f(x_0 - h)}{h} \end{cases} \tag{6 - 40}$$

其中，h 为步长。上述两个公式的几何意义如图 6 - 8 所示，分别为用弦 AB、弦 AC 的斜率近似切线 AT 的斜率，前者称为向前差商公式，后者称为向后差商公式。从图 6 - 8 可以看到，若连接 B、C，则

$$f'(x) \approx \frac{f(x_0 + h) - f(x_0 - h)}{2h} \tag{6 - 41}$$

由式(6 - 41)得到的斜率更接近切线 AT 的斜率。这就是中点方法，它是前两种方法的算术平均。式(6 - 41)即为求 $f'(x_0)$ 的中点公式。

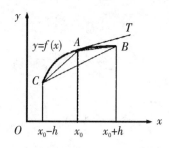

图 6－8　数值微分的几何意义示意

接下来讨论利用中点公式代替 $f'(x_0)$ 所产生的截断误差。分别将 $f(x_0 \pm h)$ 在 $x = x_0$ 处进行泰勒展开，有

$$f(x_0 \pm h) = f(x_0) \pm hf'(x_0) + \frac{h^2}{2!}f''(x_0) \pm \frac{h^3}{3!}f'''(x_0) + \frac{h^4}{4!}f^{(4)}(x_0) \pm \cdots$$

代入向前差商公式，有

$$G(h) = f'(x_0) + \frac{h}{2!}f''(x_0) + \frac{h^2}{3!}f'''(x_0) + \frac{h^3}{4!}f^{(4)}(x_0) + \frac{h^4}{5!}f^{(5)}(x_0) + \cdots$$

代入向后差商公式，结果类似。

代入中点公式，有

$$G(h) = f'(x_0) + \frac{h^2}{3!}f'''(x_0) + \frac{h^4}{5!}f^{(5)}(x_0) + \cdots$$

因此，截断误差为

$$f'(a) - G(h) = -\frac{h^2}{3!}f'''(a) - \frac{h^4}{5!}f^{(5)}(a) - \cdots$$

由此可见，中点公式的截断误差由向前或向后差商公式的 $O(h)$ 提高到 $O(h^2)$。另外，误差限与步长的关系为 $|G(h) - f'(a)| \leqslant \frac{h^2}{6}M$，其中，$M \geqslant \max\limits_{|x-a| \leqslant h} |f'''(x)|$。因此，步长越小，计算结果越准确，但从舍入误差的角度看，步长 h 越小，$f(a+h)$ 与 $f(a-h)$ 越接近，直接相减将造成有效数字的严重损失。因此，步长不宜太小。实际计算中，常采用二分步长及误差后验估计法确定步长，即比较二分前后所得值 $G(h)$ 与 $G\left(\frac{h}{2}\right)$，若 $\left|G(h) - G\left(\frac{h}{2}\right)\right| < \varepsilon$（$\varepsilon$ 为给定精度），则 $\frac{h}{2}$ 为所需的合适步长且 $G\left(\frac{h}{2}\right) \approx f'(x_0)$。

6.6.2　插值型求导公式

在化工实践中，列表函数 $y = f(x)$ 是一类常见的函数。

为求此类离散函数的微分，我们需要近似构建原函数。由于多项式求导较简单，可以运用插值原理，建立插值多项式 $y = P_n(x)$，将其作为原函数的近似，从而得到

求导公式

$$f'(x) \approx P'(x) \qquad (6-42)$$

此类求导公式统称为插值型求导公式。根据插值余项定理，式(6-42) 的余项为

$$f'(x) - P'_n(x) = \frac{f^{(n+1)}(\xi)}{(n+1)!}\omega'_{n+1}(x) + \frac{\omega_{n+1}(x)}{(n+1)!}\frac{d}{dx}f^{(n+1)}(\xi)$$

其中，$\xi \in (a,b)$，$\omega_{n+1}(x) = \prod_{j=0}^{n}(x-x_j)$。

由于 ξ 未知，故无法对它的第二项 $\dfrac{\omega_{n+1}(x)}{(n+1)!}\dfrac{d}{dx}f^{(n+1)}(\xi)$ 做出估计，但若限定求某个节点 x_k 上的导数值，那么 $\omega_{n+1}(x_k)$ 变成 0，这时余项公式为

$$f'(x_k) - P'_n(x_k) = \frac{f^{(n+1)}(\xi)}{(n+1)!}\omega'_{n+1}(x_k) \qquad (6-43)$$

接下来，我们考察节点等距时节点上的导数值。

1. 两点公式

假设已知两个节点 x_0 和 x_1 上的函数值 $f(x_0)$ 和 $f(x_1)$，应用拉格朗日插值法，可得线性插值多项式，为

$$P_1(x) = \frac{x-x_1}{x_0-x_1}f(x_0) + \frac{x-x_0}{x_1-x_0}f(x_1)$$

对上式两端同时求导，因为 $x_1 - x_0 = h$，所以

$$P'_1(x) = \frac{1}{h}[-f(x_0)+f(x_1)]$$

在节点 x_0 和 x_1 处，有

$$P'_1(x_0) = \frac{1}{h}[f(x_1)-f(x_0)]$$

$$P'_1(x_1) = \frac{1}{h}[f(x_1)-f(x_0)]$$

利用余项公式(6-43)，可得带余项的两点公式为

$$f'(x_0) = \frac{1}{h}[f(x_1)-f(x_0)] - \frac{h}{2}f''(\xi)$$

$$f'(x_1) = \frac{1}{h}[f(x_1)-f(x_0)] + \frac{h}{2}f''(\xi)$$

已知 $x_1 = x_0 + h$，则

$$f'(x_1-h) = \frac{1}{h}[f(x_1)-f(x_1-h)] - \frac{h}{2}f''(\xi)$$

$$f'(x_0+h) = \frac{1}{h}[f(x_0+h)-f(x_0)] + \frac{h}{2}f''(\xi)$$

这就是式(6-40) 的向后、向前差商公式。

2. 三点公式

假设已知三个节点 x_0，$x_1 = x_0 + h$，$x_2 = x_0 + 2h$ 上的函数值，做二次插值，得

$$P_2(x) = \frac{(x - x_1)(x - x_2)}{(x_0 - x_1)(x_0 - x_2)}f(x_0) + \frac{(x - x_0)(x - x_2)}{(x_1 - x_0)(x_1 - x_2)}f(x_1)$$
$$+ \frac{(x - x_0)(x - x_1)}{(x_2 - x_0)(x_2 - x_1)}f(x_2)$$

令 $x = x_0 + th$，则上式可以表示为

$$P_2(x_0 + th) = \frac{1}{2}(t - 1)(t - 2)f(x_0) - t(t - 2)f(x_1) + \frac{1}{2}t(t - 1)f(x_2)$$

$$(6 - 44)$$

两端同时对 t 求导，可得

$$P_2'(x_0 + th) = \frac{1}{2h}\big[(2t - 3)f(x_0) - (4t - 4)f(x_1) + (2t - 1)f(x_2)\big]$$

上式分别取 $t = 0, 1, 2$，得到三种三点公式，分别为

$$P_2'(x_0) = \frac{1}{2h}\big[-3f(x_0) + 4f(x_1) - f(x_2)\big]$$

$$P_2'(x_1) = \frac{1}{2h}\big[-f(x_0) + f(x_2)\big]$$

$$P_2'(x_2) = \frac{1}{2h}\big[f(x_0) - 4f(x_1) + 3f(x_2)\big]$$

带余项的三点求导公式为

$$\begin{cases} f'(x_0) = \dfrac{1}{2h}\big[-3f(x_0) + 4f(x_1) - f(x_2)\big] + \dfrac{h^2}{3}f'''(\xi_0) \\[2mm] f'(x_1) = \dfrac{1}{2h}\big[-f(x_0) + f(x_2)\big] - \dfrac{h^2}{6}f'''(\xi_1) \\[2mm] f'(x_2) = \dfrac{1}{2h}\big[f(x_0) - 4f(x_1) + 3f(x_2)\big] + \dfrac{h^2}{3}f'''(\xi_2) \end{cases} \quad (6 - 45)$$

式 $(6-45)$ 中包含我们熟悉的中点公式，在三点公式中，$f'(x_1)$ 由于少用了一个函数值 $f(x_1)$ 而更受关注。

用插值多项式 $P_n(x)$ 作为函数 $f(x)$ 的近似，还可以建立高阶数值微分公式，即

$$f^{(k)}(x) \approx P_n^{(k)}(x), \quad k = 1, 2, \cdots$$

例如，将式 $(6-44)$ 对 t 再次求导，有

$$P_2''(x_0 + th) = \frac{1}{h^2}\big[f(x_0) - 2f(x_1) + f(x_2)\big]$$

于是

$$P_2''(x_1) = \frac{1}{h^2}\big[f(x_1 - h) - 2f(x_1) + f(x_1 + h)\big]$$

带余项的二阶三点公式为

$$f''(x_1) = \frac{1}{h^2}[f(x_1 - h) - 2f(x_1) + f(x_1 + h)] - \frac{h^2}{12}f^{(4)}(\xi)$$

6.7 数值微积分的 MATLAB 自带函数

6.7.1 数值微分

在 MATLAB 中，没有直接提供数值求导的函数，只有计算向前差分的函数 diff，其调用格式如下：

－DX = diff(X)：计算长度为 n 的向量 X 的向前差分，结果为 DX = [X(2) － X(1)X(3) － X(2)...X(n) － X(n － 1)]。

－DX = diff(X,n)：计算 X 的 n 阶向前差分。例如，diff(X,2) = diff(diff(X))。

－DX = diff(A,n,dim)：计算矩阵 A 的 n 阶差分，$dim = 1$ 时（缺省状态），按列计算差分；$dim = 2$ 时，按行计算差分。

利用 diff 函数，将函数 f 按一定步长 h 等距取值组成向量，可以通过 DY = diff(f)/h 语句求导数近似值。

此外，在 MATLAB 中亦可以用 gradient 函数实现数值梯度计算。其调用格式如下。

－FX = gradient(F)：返回向量 F 的一维数值梯度，其中点间距假定为 1。

－[FX,FY,FZ,…,FN] = gradient(F)：返回 F 的数值梯度的 N 个分量，其中 F 为一个 N 维数组。

－FX = gradient(F,h)：使用 h 作为每个方向的点间距。

－[FX,FY,FZ,…,FN] = gradient(F,hx,hy,…,hN)：F 的每个维度指定点间距。

另外，对于多项式，可以通过 polyder 命令计算其微分的解析表达式，其基础调用格式为 －k = polyder(p)，其中，p 为表达多项式系数的数组。例如，对于 $p(x) = 2x^5 － 3x^3 + x － 5$，有 $p = [2,0, －3,0,1, －5]$。

6.7.2 数值积分

1. 求函数表达式的积分

MATLAB 提供了多种函数表达式积分方法，包括 quad、quadl、quandgk、integral 等。

quad：该方法基于变步长辛普森法，其调用格式如下：

－I = quad('fname',a,b,tol,trace)

－[I,n] = quad('fname',a,b,tol,trace)

其中，fname 是被积函数名；a 和 b 分别是定积分的下限和上限；tol 用来控制积分精度，缺省时取 $tol = 0.001$；$trace$ 控制是否展现积分过程，若取非 0 则展现积分过程，若取 0 则不展现，缺省时取 $trace = 0$；返回参数 I 即定积分值，n 为被积函数的调用次数。

例 6.11　求 $f = \mathrm{e}^{-0.5x}\sin\left(x + \dfrac{\pi}{6}\right)$ 在 $[0, 3\pi]$ 区间的定积分。

解　调用数值积分函数 quad 求定积分。

$[S, n] = \mathrm{quad}('\exp(-0.5*x).*\sin(x+\mathrm{pi}/6)', 0, 3*\mathrm{pi})$

S =

　　0.9008

n =

　　77

quadl：基于牛顿－柯特斯法求定积分。该函数的调用格式如下：

$-[I, n] = \mathrm{quadl}('fname', a, b, tol, trace)$

其中，参数的含义和 quad 函数相似，只是用高阶自适应递推法，该函数可以更精确地求出定积分的值，且一般情况下函数调用的步数明显小于 quad 函数，从而保证能以更高的效率求出所需的定积分值。

例 6.12　求 $f = \dfrac{x\sin x}{1 + \cos^2 x}$ 在 $[0, \pi]$ 区间的定积分。

解　调用函数 quadl 求定积分。

$I = \mathrm{quadl}('x.*\sin(x)./(1+\cos(x).*\cos(x))', 0, \mathrm{pi})$

I =

　　2.4674

quadgk：前述求积方法已不推荐在当前 MATLAB 版本中使用，目前推荐使用 quadgk、integral 方法。quadgk 方法基于高斯－勒让德积分法，使用高阶全局自适应积分技术。该函数的调用格式如下：

$-I = \mathrm{quadgk}(f, a, b)$

其中，参数的含义和 quad 函数类似，f 表示被积函数。

例 6.12　使用高斯－勒让德积分法求 $f = \dfrac{x\sin x}{1 + \cos^2 x}$ 在 $[0, \pi]$ 区间的定积分。

解　$f = @(x) x.*\sin(x)./(1+\cos(x).*\cos(x))$

　　$I = \mathrm{quadgk}(f, 0, \mathrm{pi})$

I =

　　2.4674

integral：MATLAB 的默认积分算法，基于自适应积分算法进行。其基本调用格式如下：

$-I = \mathrm{integral}(f, a, b)$

其中，参数的含义和 quadgk 相同。

2. 求数值数据的积分

在 MATLAB 中，对由表格形式定义的函数关系，即数值数据的求定积分问题，可以采用 trapz(X,Y) 函数，其中，向量 X 和 Y 定义函数关系 $Y = f(X)$。

例如 用 trapz 函数计算定积分。

命令如下：

X = 1 : 0. 01 : 2. 5;

Y = exp(−X);　　　　 %生成函数关系数据向量

trapz(X,Y)

ans =

　　 0. 28579682416393

3. 求多项式的积分

类似多项式微分，MATLAB 可以通过 polyint 函数方便求解多项式的积分表达式。其格式如下：

　− I = polyint(p,k)

其中，p 为多项式系数向量，k 为积分常量。p 的定义方式可以参考 polyder。

习　题　6

1. 分别用梯形公式、辛普森公式和柯特斯公式计算积分 $\int_1^{10} \ln x \mathrm{d}x$。

2. 用复化辛普森公式计算积分 $\int_0^1 e^{-x} \mathrm{d}x$，要求误差不超过 10^{-5}。需要将积分区间分为多少等份才能达到这一精度？

3. 用龙贝格算法计算积分 $\int_0^1 e^{-x} \mathrm{d}x$，要求误差不超过 10^{-5}。

4. 发酵过程进行程度的重要衡量参数为呼吸商，即释放的二氧化碳与吸收的氧气的量之比。下表列出发酵生产青霉素过程中的二氧化碳释放速率与氧气吸收速率，试通过复化辛普森方法计算表中所列的 10 h 发酵过程中的二氧化碳释放量及氧气吸收量。

发酵时间/h	二氧化碳释放速率/$(g \cdot h^{-1})$	氧气吸收速率/$(g \cdot h^{-1})$
140	15. 72	15. 49
141	15. 53	16. 16
142	15. 19	13. 35

续上表

发酵时间/h	二氧化碳释放速率/$(g \cdot h^{-1})$	氧气吸收速率/$(g \cdot h^{-1})$
143	16.56	15.13
144	16.21	14.20
145	16.39	15.23
146	17.36	14.29
147	18.42	13.74
148	17.60	14.74
149	16.75	14.68
150	18.95	14.51

5. 丁二烯的气相二聚反应为 $2C_4H_6 \longrightarrow (C_4H_6)_2$。在一定容反应器中进行，326 ℃时，测得丁二烯的分压 p_A 与时间的关系见下表。试用中点公式求 5 min、10 min、15 min、20 min 下丁二烯的消耗速率。

t/min	p_A/mmHg	t/min	p_A/mmHg
0	632.0	15	515.0
5	590.0	20	485.0
10	552.0	25	458.0

第7章 常微分方程初值问题的数值解法

7.1 引　言

许多化工过程的计算需要求解常微分方程。例如，对于连续反应 $A \xrightarrow{k_1} B \xrightarrow{k_2} C$，其反应速率方程组可以写作

$$\begin{cases} \dfrac{dc_A}{dt} = -k_1 c_A \\[2mm] \dfrac{dc_B}{dt} = k_1 c_A - k_2 c_B \\[2mm] \dfrac{dc_C}{dt} = k_2 c_B - k_3 c_C \end{cases}$$

求解这一微分方程需要赋予初值，即 $t = 0$ 时的值。这种求满足初值条件常微分方程解的问题即为常微分方程初值问题。

考虑一阶常微分方程以下的初值问题：

$$\begin{cases} \dfrac{dy}{dx} = f(x, y), \ x \in [a, b] \\[2mm] y(a) = y_0 \end{cases} \tag{7-1}$$

例如，对于

$$\begin{cases} y' = x + y, \ x \in [0, 1] \\ y(0) = 1 \end{cases}$$

其解析解为 $y = -x - 1 + 2e^x$。

虽然求解常微分方程有各种各样的解析方法，但解析方法只能用来求解一些特殊类型的方程，大量的微分方程问题很难得到其解析解，只能依赖于数值方法去获得其数值解。

例如，对于

$$\begin{cases} y' = e^{-x^2}, \ x \in [0, 1] \\ y(0) = 1 \end{cases}$$

很难得到其解析解。

因此，需要采用数值解法，寻求 $y(x)$ 在一系列离散节点 $x_1 < x_2 < \cdots < x_n < x_{n+1} < \cdots$ 上的近似值 $y_1, y_2, \cdots, y_n, y_{n+1}, \cdots$。相邻两个节点之间的间距 $h_n = x_{n+1} - x_n$ 称

为步长。计算 y_{n+1} 只用到前一点的值 y_n 的方法称为单步法；而用到前面 k 个点的值 $y_n, y_{n-1}, \cdots, y_{n-k+1}$ 的方法称为 k 步法或多步法。

本章首先通过对常微分方程离散化，建立求数值解的递推公式。然后研究递推公式的局部截断误差和精度、数值解 y_n 与精确解 $y(x_n)$ 的误差估计和收敛性、递推公式的稳定性等问题。

7.2　欧拉法与梯形公式

7.2.1　欧拉法与向后欧拉法

在 xOy 平面上，微分方程 $y' = f(x, y)$ 的解 $y = y(x)$ 实则为其积分曲线。积分曲线上一点 (x, y) 的切线斜率等于函数 $f(x, y)$ 的值。从 x_0 出发取得积分曲线最简单的方法就是按照函数 $f(x_0, y_0)$ 在 xy 平面上向前移动步长为 h_n 的一步，抵达 $x = x_1$ 上的点 P_1，然后在 P_1 依函数 $f(x_1, y_1)$ 推进到 $x = x_2$ 上的点 P_2，依次前进获得折线 $\overline{P_0 P_1 P_2 \cdots}$，如图 7 - 1 所示。

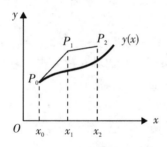

图 7 - 1　欧拉法的计算流程

此时，两个相邻的顶点 P_n 和 P_{n+1} 的坐标有关系式

$$\frac{y_{n+1} - y_n}{x_{n+1} - x_n} = f(x_n, y_n)$$

即 $y_{n+1} = y_n + hf(x_n, y_n)$。

此方法称为欧拉（Euler）法，又称为欧拉折线法。欧拉法是最简单的常微分方程数值解法。数学上可以利用差商推导欧拉公式。

（1）在 x_n 点用一阶向前差商公式代替导数，有

$$\frac{y(x_{n+1}) - y(x_n)}{h} \approx y'(x_n) = f(x_n, y(x_n))$$

即 $y(x_{n+1}) \approx y(x_n) + hf(x_n, y(x_n))$，$n = 0, 1, 2, \cdots$。用 y_{n+1} 代替 $y(x_{n+1})$，用 y_n 代替 $y(x_n)$，得

$$y_{n+1} = y_n + hf(x_n, y_n), n = 0, 1, 2, \cdots \tag{7 - 2}$$

式(7-2) 称为向前欧拉公式，它是一种显式的单步法。

（2）在 x_{n+1} 点用一阶向后差商公式代替导数，有

$$\frac{y(x_{n+1}) - y(x_n)}{h} \approx y'(x_{n+1}) = f(x_{n+1}, y(x_{n+1}))$$

即 $y(x_{n+1}) \approx y(x_n) + hf(x_{n+1}, y(x_{n+1}))$, $n = 0, 1, 2, \cdots$。用 y_{n+1} 代替 $y(x_{n+1})$，用 y_n 代替 $y(x_n)$，得

$$y_{n+1} = y_n + hf(x_{n+1}, y_{n+1}), \quad n = 0, 1, 2, \cdots \tag{7-3}$$

式(7-3) 称为向后欧拉公式，由于方程两边均出现了 y_{n+1}，故其求解需要通过迭代进行，即向后欧拉方法是一种隐式的单步法。隐式格式通常使用迭代法求解，而迭代过程实际上是逐步显式化。下面介绍一种操作方案。

假设用欧拉公式 $y_{n+1}^{(0)} = y_n + hf(x_n, y_n)$，迭代初值 $y_{n+1}^{(0)}$ 可以通过向前差商公式求出，代入式(7-3) 右端，根据第 3 章所述的迭代法，在确定迭代收敛条件能够满足的前提下进行迭代，即可以收敛得到解 y_{n+1}。

以上两种方法均只需计算一步即可以得到下一步的结果，故通常称作单步法，一般可以表示为：

$$y_{n+1} = y_n + h\varphi(x_n, y_n, y_{n+1}, h), \quad n = 0, 1, 2, \cdots \tag{7-4}$$

其中，多元函数 φ 与 $f(x, y)$ 有关，当 φ 含有 y_{n+1} 时方法是隐式的，当 φ 不含有 y_{n+1} 时方法是显式的。故显式单步法可以表示为

$$y_{n+1} = y_n + h\varphi(x_n, y_n, h), \quad n = 0, 1, 2, \cdots \tag{7-5}$$

其中，$\varphi(x_n, y_n, h_n)$ 称为增量函数，如对欧拉公式(7-2)，有

$$\varphi(x_n, y_n, h_n) = f(x_n, y_n)$$

其误差常通过局部截断误差衡量。

定义 7.1 假设 $y(x)$ 是初值问题的准确解，称

$$T_{n+1} = y(x_{n+1}) - y(x_n) - h\varphi(x_n, y(x_n), h) \tag{7-6}$$

为显式单步法［式(7-5)］的局部截断误差。

T_{n+1} 之所以称为局部的，是因为假设在 x_n 前各步没有误差。当 $y_n = y(x_n)$ 时，计算一步，有

$$\begin{aligned}
y(x_{n+1}) - y_{n+1} &= y(x_{n+1}) - [y_n + h\varphi(x_n, y_n, h)] \\
&= y(x_{n+1}) - y(x_n) - h\varphi(x_n, y(x_n), h) \\
&= T_{n+1}
\end{aligned}$$

因此，局部截断误差可以理解为用式(7-5) 计算一步的误差，即用准确解 $y(x)$ 代替数值解产生的公式误差。根据定义式(7-6)，同时代入泰勒展开式，可以得欧拉法的局部截断误差，为

$$\begin{aligned}
T_{n+1} &= y(x_{n+1}) - y(x_n) - hf(x_n, y(x_n)) \\
&= y(x_n + h) - y(x_n) - hy'(x_n) \\
&= \frac{h^2}{2} y''(x_n) + O(h^3)
\end{aligned}$$

其中，$\dfrac{h^2}{2}y''(x_n)$ 称为局部截断误差主项，显然 $T_{n+1} = O(h^2)$。一般情况下，有以下定义。

定义 7.2 若某算法的局部截断误差为 $O(h^{p+1})$，则称该算法有 p 阶精度。即假设 $y(x)$ 是初值问题的准确解，若存在最大整数 p 使显式单步法［式(7-5)］的局部截断误差满足

$$T_{n+1} = y(x+h) - y(x) - h\varphi(x,y,h) = O(h^{p+1}) \qquad (7-7)$$

则该方法具有 p 阶精度。将式(7-7)展开写成

$$T_{n+1} = \psi(x_n,y(x_n))h^{p+1} + O(h^{p+2})$$

则 $\psi(x_n,y(x_n))h^{p+1}$ 称为局部截断误差主项。

以上定义对隐式单步法也同样适用。例如，向后欧拉法［式(7-3)］的局部截断误差为

$$
\begin{aligned}
T_{n+1} &= y(x_{n+1}) - y(x_n) - hf(x_n,y(x_n)) \\
&= hy'(x_n) + \frac{h^2}{2}y''(x_n) + O(h^3) - h[y'(x_n) + hy''(x_n) + O(h^2)] \\
&= -\frac{h^2}{2}y''(x_n) + O(h^3)
\end{aligned}
$$

其中，$p=1$，这是一阶方法，局部截断误差主项为 $-\dfrac{h^2}{2}y''(x_n)$。由此可见，欧拉法和向后欧拉法均为一阶方法。

7.2.2 梯形方法

若在式(7-4)右端积分用梯形求积公式近似，并用 y_n 代替 $y(x_n)$，用 y_{n+1} 代替 $y(x_{n+1})$，得

$$y_{n+1} = y_n + \frac{h}{2}[f(x_n,y_n) + f(x_{n+1},y_{n+1})] \qquad (7-8)$$

称为梯形方法。

梯形方法是隐式的单步法，可用迭代法求解（同向后欧拉法），仍使用欧拉法提供迭代初值，梯形方法的迭代公式为

$$
\begin{cases}
y_{n+1}^{(0)} = y_n + hf(x_n,y_n) \\
y_{n+1}^{(k+1)} = y_n + \dfrac{h}{2}[f(x_n,y_n) + f(x_{n+1},y_{n+1}^{(k)})], \quad k = 0,1,2,\cdots
\end{cases} \qquad (7-9)
$$

其误差为

$$
\begin{aligned}
T_{n+1} &= y(x_{n+1}) - y(x_n) - \frac{h}{2}[y'(x_n) + y'(x_{n+1})] \\
&= hy'(x_n) + \frac{h^2}{2}y''(x_n) + \frac{h^3}{3!}y'''(x_n) - \frac{h}{2}\left[y'(x_n) + y'(x_n) + hy''(x_n)\right.
\end{aligned}
$$

163

$$+ \frac{h^2}{2} y'''(x_n) \Big] + O(h^4)$$

$$= -\frac{h^3}{12} y'''(x_n) + O(h^4)$$

由此可见,梯形方法式(7-8)是二阶方法,其局部误差主项为 $-\frac{h^3}{12} y'''(x_n)$。

7.2.3 两步欧拉公式

由第6章可知,中心差商公式所得的斜率精度高于向前、向后差商求得的斜率。因此,可以利用中心差商公式代替导数,有

$$\frac{y(x_{n+1}) - y(x_{n-1})}{2h} \approx y'(x_n) = f(x_n, y(x_n))$$

即

$$y(x_{n+1}) \approx y(x_{n-1}) + 2h f(x_n, y(x_n)), \quad n = 0, 1, 2, \cdots$$

用 y_{n+1} 代替 $y(x_{n+1})$,用 y_{n-1} 代替 $y(x_{n-1})$,得

$$y_{n+1} = y_{n-1} + 2h f(x_n, y_n), \quad n = 0, 1, 2, \cdots \tag{7-10}$$

式(7-10)称为两步欧拉公式,显然,计算 y_{n+1} 需要前两步 y_n 和 y_{n-1} 的值,它是显式的两步法。

7.2.4 改进欧拉公式

虽然梯形方法、两步欧拉公式的精度均比欧拉公式好,但是这两者算法复杂,计算量大。在梯形公式中,若能结合欧拉公式,先求 y_{n+1} 的一个初始近似值 $\bar{y}_{n+1}$,称为预测值,再用梯形公式校正,即按式(7-9)求解一次求得近似值 y_{n+1},称为校正值,则可以同时利用欧拉法的求解效率并逼近梯形公式的求解精度。这样建立的预测-校正系统通常称为改进的欧拉公式,即

$$\begin{cases} \bar{y}_{n+1} = y_n + h f(x_n, y_n) \\ y_{n+1} = y_n + \dfrac{h}{2} [f(x_n, y_n) + f(x_{n+1}, \bar{y}_{n+1})] \end{cases} \tag{7-11}$$

或者表示为平均化形式

$$\begin{cases} y_p = y_n + h f(x_n, y_n) \\ y_c = y_n + h f(x_{n+1}, y_p) \\ y_{n+1} = \dfrac{1}{2} (y_p + y_c) \end{cases} \tag{7-12}$$

该公式的几何意义在于用一个"平均斜率"K^*代替差商作为两节点间的斜率,如图7-2所示。可以看出,这一斜率较差商更接近两积分节点间的斜率,从而提高了积分精度。

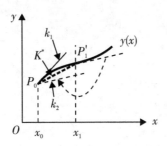

图 7-2　改进欧拉法的示意

7.2.5　程序框图和计算程序

改进欧拉法的计算程序框图如图 7-3 所示。

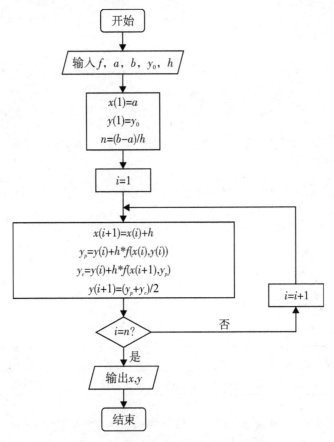

图 7-3　改进欧拉法的程序框图示意

与图 7-3 相对应的 MATLAB 计算程序如下：

function [x,y] = modifiedEuler(a,b,y0,h)

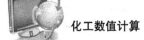

```
n = (b - a)/h;x(1) = a;y(1) = y0;
for i = 1 : n
    x(i + 1) = x(i) + h;
    y1 = y(i) + h * feval(f,x(i),y(i));
    y2 = y(i) + h * feval(f,x(i + 1),y1);
    y(i + 1) = (y1 + y2)/2;
end
ans = (y(i + 1))
end
```

例7.1 已知一级化学反应 A→B 的动力学方程为 $-\dfrac{\mathrm{d}c_A}{\mathrm{d}t} = kc_A$，设 $k = 1.00 \times 10^{-2}\ \mathrm{s}^{-1}$，且 $t = 0$ 时，$c_A = 1.00\ \mathrm{mol/L}$，试以 1 s 为步长，通过改进欧拉法手算前 5 s 中每秒的 c_A 值，随后以 0.01 s 为步长，编程计算第 5 s 的 c_A 值。

解　$f(t, c_A) = -kc_A$

$c_A(t = 0) = 1.00\ \mathrm{mol/L}$

$$c_A(t = 1) = c_A(t = 0) + \frac{1}{2}h(f(t = 0) + (-k(c_A(t = 0) + hf(t = 0))))$$

$$= 1.00\ \mathrm{mol/L} + \frac{1}{2} \times 1.00 \times \{-1.00 \times 10^{-2} \times 1.00 + (-1.00 \times 10^{-2})$$

$$\times [1.00 + 1.00 \times (-1.00 \times 10^{-2} \times 1.00)]\}\ \mathrm{mol/L}$$

$$= 0.99\ \mathrm{mol/L}$$

$$c_A(t = 2) = c_A(t = 1) + \frac{1}{2}h(f(t = 1) + (-k(c_A(t = 1) + hf(t = 1))))$$

$$= 0.99\ \mathrm{mol/L} + \frac{1}{2} \times 1.00 \times \{-1.00 \times 10^{-2} \times 0.99 + (-1.00 \times 10^{-2})$$

$$\times [0.99 + 1.00 \times (-1.00 \times 10^{-2} \times 0.99)]\}\ \mathrm{mol/L}$$

$$= 0.98\ \mathrm{mol/L}$$

以此类推，可得表 7 - 1。

表 7 - 1　计算结果

t/s	1.00	2.00	3.00	4.00	5.00
$c_A/(\mathrm{mol \cdot L^{-1}})$	0.99	0.98	0.97	0.96	0.95

接下来直接调用上面的程序求解，可解得 $c_A(t = 5) = 0.9512\ \mathrm{mol/L}$。

7.3 龙格-库塔方法

7.3.1 二阶显式龙格-库塔方法

在改进欧拉法中，通过计算平均斜率来逼近两节点间弦线的斜率，积分精度得到了大幅度的提升。数学上，对于一阶常微分方程

$$\begin{cases} \dfrac{dy}{dx} = f(x,y)\,, & a \leqslant x \leqslant b \\ y(x_0) = y_0 \end{cases}$$

由拉格朗日中值定理可知，存在 $0 < \theta < 1$，使

$$\frac{y(x_{n+1}) - y(x_n)}{h} = y'(x_n + \theta h)$$

于是，由 $y' = f(x,y)$ 得

$$y(x_{n+1}) = y(x_n) + hf(x_n + \theta h, y(x_n + \theta h)) \tag{7-13}$$

记 $K^* = f(x_n + \theta h,\ y(x_n + \theta h))$，并称 K^* 为区间 $[x_n, x_{n+1}]$ 上的平均斜率。显然，改进欧拉法所作的即是求解 K^*，其求出的平均斜率较 x_n 的切线更接近 x_n、x_{n+1} 间的弦线斜率。此类求平均斜率以提高积分精度的算法即龙格-库塔（Runge-Kutta，R-K）方法。

在欧拉公式中，取 x_n 处的斜率 $K_1 = f(x_n, y_n)$ 作为平均斜率 K^*，精度比较低。若取多个点求平均斜率，则需要考虑如何选择取点位置、顺序以提高平均斜率 K^*。

接下来构造二阶龙格-库塔公式。根据预报-校正思想，首先在区间 $[x_n, x_{n+1}]$ 内寻找两个点，分别为 x_n，$x_{n+\theta} = x_n + \theta h\ (0 \leqslant \theta \leqslant 1)$。记两点的斜率分别为 k_1、k_2，通过线性组合可以得到如下的预测-校正系统：

$$\begin{cases} y_{n+1} = y_n + h(\lambda_1 k_1 + \lambda_2 k_2) \\ k_1 = f(x_n, y_n) \\ k_2 = f(x_{n+\theta}, y_{n+\theta}) \end{cases} \tag{7-14}$$

其中，$x_{n+\theta} = x_n + \theta h$，$y_{n+\theta} = y_n + \theta h k_1$。接下来，选择合适的 $\lambda_1, \lambda_2, \theta$ 等系数，使 $y(x_{n+1}) - y_{n+1}$ 的局部截断误差为 $O(h^3)$。

首先，对 k_1、k_2 在同一点 (x_n, y_n) 进行泰勒展开，有

$$k_1 = f(x_n, y_n) = y'(x_n)$$

$$k_2 = f(x_n + \theta h, y_n + \theta h k_1)$$

$$= f(x_n, y_n) + \theta h f_x(x_n, y_n) + \theta h k_1 f_y(x_n, y_n) + O(h^2)$$

$$= f(x_n, y_n) + \theta h[f_x(x_n, y_n) + f(x_n, y_n) f_y(x_n, y_n)] + O(h^2)$$

$$= f(x_n, y_n) + \theta h\left[\frac{\partial f}{\partial x}\bigg|_{(x_n, y_n)} + \frac{\partial f}{\partial y}\bigg|_{(x_n, y_n)} \cdot \frac{\partial y}{\partial x}\right] + O(h^2)$$

$$= y'(x_n) + \theta h y''(x_n) + O(h^2)$$

其中，f_x、f_y 表示 f 对 x、y 的偏微分。将 k_1、k_2 表达式代入式 $(7-14)$，得到 y_{n+1} 的表达式，为

$$
\begin{aligned}
y_{n+1} &= y_n + (\lambda_1 k_1 + \lambda_2 k_2) h \\
&= y(x_n) + h\left[\lambda_1 y'(x_n) + \lambda_2 y'(x_n) + \lambda_2 \theta h y''(x_n) + \lambda_2 O(h^2)\right] \\
&= y(x_n) + h(\lambda_1 + \lambda_2) y'(x_n) + \lambda_2 \theta h^2 y''(x_n) + O(h^3)
\end{aligned}
\tag{7-15}
$$

然后，对 $y(x_{n+1})$ 在 x_n 点进行泰勒展开，得

$$y(x_{n+1}) = y(x_n) + h y'(x_n) + \frac{1}{2} h^2 y''(x_n) + O(h^3) \tag{7-16}$$

令 $y_{n+1} = y(x_{n+1})$，逐项比较式 $(7-15)$、式 $(7-16)$，使 h、h^2 项的系数相等，则得到系数之间的关系，为

$$\lambda_1 + \lambda_2 = 1, \quad \lambda_2 \theta = \frac{1}{2} \tag{7-17}$$

由此可见，只要满足式 $(7-17)$ 给出的系数要求，就可以保证式 $(7-14)$ 达到二阶精度。根据系数选择的不同，可以构造不同的二阶龙格 – 库塔公式。若取 $\theta = 1$，$\lambda_1 = \frac{1}{2}$，$\lambda_2 = \frac{1}{2}$，则可以得到改进欧拉公式，为

$$
\begin{cases}
y_{n+1} = y_n + \dfrac{1}{2} h (k_1 + k_2) \\
k_1 = f(x_n, y_n) \\
k_2 = f(x_n + h, y_n + k_1)
\end{cases}
\tag{7-18}
$$

若取 $\theta = \frac{2}{3}$，$\lambda_1 = \frac{1}{4}$，$\lambda_2 = \frac{3}{4}$，则可以得到休恩公式，为

$$
\begin{cases}
y_{n+1} = y_n + \dfrac{1}{4} h (k_1 + 3k_2) \\
k_1 = f(x_n, y_n) \\
k_2 = f\left(x_{n+\frac{2}{3}}, y_n + \dfrac{2}{3} h k_1\right)
\end{cases}
\tag{7-19}
$$

若取 $\theta = \frac{1}{2}$，$\lambda_1 = 0$，$\lambda_2 = 1$，则可以得到变形欧拉公式，为

$$
\begin{cases}
y_{n+1} = y_n + h k_2 \\
k_1 = f(x_n, y_n) \\
k_2 = f\left(x_{n+\frac{1}{2}}, y_n + \dfrac{h}{2} k_1\right)
\end{cases}
\tag{7-20}
$$

7.3.2 三阶与四阶显式龙格 – 库塔方法

类比二阶龙格 – 库塔方法的推导过程，可以推导三阶龙格 – 库塔方法。三阶龙

格 – 库塔方法需要计算以下三个斜率的近似值：

$$K_1 = f(x_n, y_n)$$
$$K_2 = f(x_n + c_2 h, y_n + c_2 h K_1)$$
$$K_3 = f(x_n + c_3 h, y_n + c_3 h(a_{31} K_1 + a_{32} K_2))$$

推导可知，系数应满足的方程组为

$$\begin{cases} \lambda_1 + \lambda_2 + \lambda_3 = 1, \ a_{21} = 1 \\ \lambda_2 c_2 + \lambda_3 c_3 = \dfrac{1}{2}, \ \lambda_2 c_2^2 + \lambda_3 c_3^2 = \dfrac{1}{3} \\ \lambda_3 c_2 c_3 a_{32} = \dfrac{1}{6}, \ a_{31} + a_{32} = 1 \end{cases}$$

该方程组的解不唯一，一种常见的三阶龙格 – 库塔方法是

$$\begin{cases} y_{n+1} = y_n + \dfrac{h}{6}(k_1 + 4k_2 + k_3) \\ k_1 = f(x_n, y_n) \\ k_2 = f\left(x_n + \dfrac{h}{2}, y_n + \dfrac{h}{2} k_1\right) \\ k_3 = f(x_n + h, y_n - h k_1 + 2h k_2) \end{cases}$$

四阶龙格 – 库塔方法的推导类似。其原始四阶龙格 – 库塔方法的计算公式为

$$\begin{cases} y_{n+1} = y_n + h(\lambda_1 k_1 + \lambda_2 k_2 + \lambda_3 k_3 + \lambda_4 k_4) \\ k_1 = f(x_n, y_n) \\ k_2 = f(x_n + ph, y_n + ph k_1) \\ k_3 = f(x_n + qh, y_n + qh(u k_1 + v k_2)) \\ k_4 = f(x_n + rh, y_n + rh(a k_1 + b k_2 + c k_3)) \end{cases}$$

常用的四阶龙格 – 库塔公式之一是

$$\begin{cases} y_{n+1} = y_n + \dfrac{h}{6}(k_1 + 2k_2 + 2k_3 + k_4) \\ k_1 = f(x_n, y_n) \\ k_2 = f\left(x_n + \dfrac{1}{2}h, \ y_n + \dfrac{h}{2} k_1\right) \\ k_3 = f\left(x_n + \dfrac{1}{2}h, \ y_n + \dfrac{h}{2} k_2\right) \\ k_4 = f(x_n + h, \ y_n + h k_3) \end{cases} \tag{7-21}$$

四阶龙格 – 库塔公式的精度较高，可以满足一般工程计算的要求；每次计算 y_{n+1} 时，只用到前一步的计算结果 y_n，因此在已知 y_0 的条件下，可以自动地进行计算，故四阶龙格 – 库塔公式在工程上非常常用。

四阶龙格 – 库塔方法的计算流程如图 7 – 4 所示。

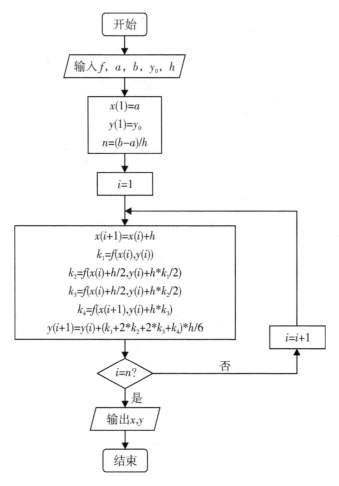

图 7 - 4　四阶龙格 - 库塔方法的计算流程

例 7.2　分别用欧拉公式、改进欧拉公式、经典四阶龙格 - 库塔公式计算以下一阶常微分方程的初值问题：

$$\begin{cases} f(x,y) = y' = y - \dfrac{2x}{y},\ x \in [0,1] \\ y(0) = 1 \end{cases}$$

并与准确解 $y = \sqrt{1+2x}$ 比较。

解　欧拉公式、改进的欧拉公式取步长 $h = 0.1$，经典四阶龙格 - 库塔公式取步长 $h = 0.2$。应用式（7 - 2）（向前欧拉公式）、式（7 - 18）（改进欧拉公式）、式（7 - 21）（经典四阶龙格 - 库塔公式），可得表 7 - 2。

表 7 - 2　计算结果

x	向前欧拉公式	改进欧拉公式	四阶龙格 - 库塔公式	准确值
0.0	1.0000	1.0000	1.0000	1.0000
0.1	1.1000	1.0959	—	1.0954
0.2	1.1918	1.1841	1.1832	1.1832
0.3	1.2774	1.2662	—	1.2649
0.4	1.3582	1.3434	1.3417	1.3416
0.5	1.4351	1.4164	—	1.4142
0.6	1.5090	1.4860	1.4833	1.4832
0.7	1.5803	1.5525	—	1.5492
0.8	1.6498	1.6153	1.6125	1.6125
0.9	1.7178	1.6782	—	1.6733
1.0	1.7848	1.7379	1.7321	1.7321

　　根据前述各阶龙格 - 库塔方法的构建过程，我们可以总结出龙格 - 库塔方法的基本思想：用区间上 N 个点的导数，通过线性组合求得平均斜率，将其与准确解的泰勒展开式进行比较，使其与若干项吻合，从而使其精度达到一定阶次。其一般形式可以写作：

$$y_{n+1} = y_n + h \sum_{i=1}^{N} \lambda_i K_i \qquad (7 - 22)$$

$$K_1 = f(x_n, y_n), \ K_i = f\left(x_n + c_i h, y_n + c_i h \sum_{j=1}^{i-1} a_{ij} K_j\right), \ i = 2, 3, \cdots, N \ (7 - 23)$$

其中，$c_i \leqslant 1$，$\sum_{i=1}^{N} \lambda_i = 1$，$\sum_{j=1}^{i-1} a_{ij} = 1$。其局部截断误差为

$$T_{n+1} = y(x_{n+1}) - y(x_n) - h \sum_{i=1}^{N} \lambda_i K_i^* \qquad (7 - 24)$$

其中，K_i^* 可以通过将微分方程准确解 $y(x_n)$ 代替 K_i 中的 y_n 得到，参数 λ_i，c_i 和 a_{ij} 待定。通过将 K_i^* 在 $(x_n, y(x_n))$ 处进行二元泰勒展开，将展开式按步长 h 的幂次整理后，令式（7 - 24）中 T_{n+1} 里 h 的低次幂为 0，令 T_{n+1} 首项 h 的幂次为 $p+1$，即 $T_{n+1} = O(h^{p+1})$，此时则称式（7 - 22）、式（7 - 23）为 N 级 p 阶龙格 - 库塔方法。

7.3.3　一元常微分方程组的求解方法

　　实际化工计算中常求解的是单一变量对多个因变量的问题，这些因变量常组成方程组，相互耦合。例如，对于列管式固定床反应器中萘转化苯酐的转化率与温度沿床

高的分布，其自变量为床高 l，因变量包括转化率 x_A 与温度 T。其拟均相一维模型为

$$\begin{cases} \dfrac{dx_A}{dl} = 1.1094 \times 10^{11} \left(\dfrac{1 - x_A}{1000 - 0.5x_A} \right)^{0.38} e^{-\frac{14098}{T}} \\[3mm] \dfrac{dT}{dl} = 7.6120 \times 10^{12} \left(\dfrac{1 - x_A}{1000 - 0.5x_A} \right)^{0.38} e^{-\frac{14098}{T}} - \dfrac{0.8274}{D}(T - T_W) \end{cases}$$

$$(7-25)$$

对于此类一阶常微分方程组问题，假设待求常微分方程组写作

$$\begin{cases} y_1' = f_1(x, y_1, y_2, \cdots, y_m) \\ y_2' = f_2(x, y_1, y_2, \cdots, y_m) \\ y_m' = f_m(x, y_1, y_2, \cdots, y_m) \end{cases}$$

其初值为

$$\begin{cases} y_1(x_0) = y_{10} \\ y_2(x_0) = y_{20} \\ y_3(x_0) = y_{30} \\ y_4(x_0) = y_{40} \end{cases}$$

任何求解一阶常微分方程的方法均可以用于求解一阶常微分方程组。以改进欧拉法为例，对于第 i 个 x 值，有

$$\begin{cases} y_{n+1,i} = y_{n,i} + \dfrac{1}{2}h(k_{1,i} + k_{2,i}) \\ k_{1,i} = f(x_{n,i}, y_{n,i}) \\ k_{2,i} = f(x_{n,i} + h, y_{n,i} + k_1) \end{cases}$$

其程序框图如图 7-5 所示。

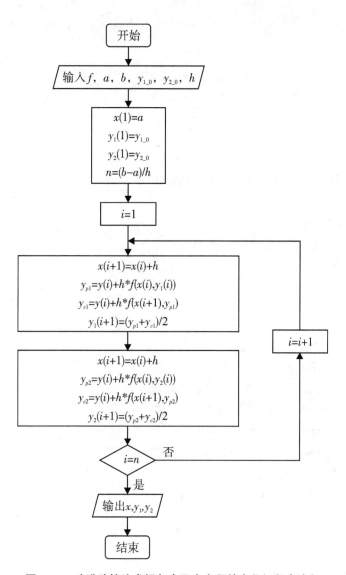

图 7-5 改进欧拉法求解包含两个方程的方程组程序流程

例 7.3 萘生产苯酐的列管式固定床反应器中转化率及温度沿床高分布可以由拟均相一维模型 [式 (7-25)] 表示。式中，x_A 为萘的转化率；T 为温度，单位为 K；D 为反应管内径，大小为 0.025 m；T_W 为反应管壁温度，大小为 613 K；l 为管长，单位为 m。若规定入口处萘转化率为 $x_{A0}=0$，温度为 613 K，欲使出口处萘转化率达到 0.80，试确定反应器长度，并给出转化率、温度的分布规律。

解 该问题为典型常微分方程组的初值问题。本题采用改进欧拉法计算，由于管长不定，只规定了出口处萘转化率，故本题应采用不定循环，通过 $x_A > 0.8$ 判断是否计算终止。其源代码如下：

x0 = 0

```
l0 = 0
D = 0.025
Tw = 613
T0 = 613
h = 0.01
data = [l0, x0, T0]
while x0 < 0.8
    [xn, Tn] = solver(l0, x0, T0, D, Tw, h)
    l0 = l0 + h
    data_i = [l0, xn, Tn]
    data = [data; data_i]
    x0 = xn
    T0 = Tn
end
```

函数文件 solver. m 如下：

```
function [xn, Tn] = solver(l, x, T, D, Tw, h)
    k1x = h *funct_x(l, x, T, D, Tw)
    k2x = h *funct_x(l + h, x + k1x, T, D, Tw)
    xn  = x + 0.5 *k1x + 0.5 *k2x
    k1T = h *funct_T(l, x, T, D, Tw)
    k2T = h *funct_T(l + h, x, T + k1T, D, Tw)
    Tn  = T + 0.5 *k1T + 0.5 *k2T
    function dxa = funct_x(l, x, T, D, Tw)
        dxa = 1.1094e11 *(((1 - x)/(1000 - 0.5 *x))^0.38) *exp(-14098/T)
    end
    function dT = funct_T(l, x, T, D, Tw)
        dT = 7.6120e12 *(((1 - x)/(1000 - 0.5 *x))^0.38) *exp(-14098/T)...
            - (0.8274/D) *(T - Tw)
    end
end
```

求解结果如图 7 - 6 所示。

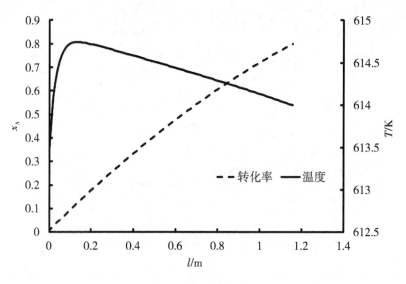

图 7-6　求解结果

由此可见，转化率达到 0.8 时需要的管长约为 1.16 m，床层分布变化不超过 2 K，在约 0.14 m 处达到极大值。

7.4　变步长龙格－库塔方法

由式（7-24）可知，龙格－库塔方法的局部截断误差与步长 h、平均斜率大小密切相关。典型催化反应体系中，其反应速率，即浓度对时间的导数在达到稳态前变化幅度较大。为了更好地说明反应速率的变化率对步长的影响，我们假设物质 A 的分解速率表达式为

$$\frac{dc_A(t)}{dt} = -4c_A(t), t \geqslant 0, c_A(t=0) = 1 \tag{7-26}$$

其精确解为 $c_A(t) = e^{-2t}$。

以 0.1，0.2，0.4 为步长，分别通过改进欧拉法求解方程（7-26），结果如图 7-7 所示。当步长增加到 0.4 时，计算误差大幅度增加并累积；在 $t=2$ s 时，绝对误差达到 0.145；而步长为 0.1 时，在该时间点绝对误差仅为 0.000111。这说明对于反应速率变化较大的体系，求解微动力学微分方程需要较小的步长才可以得到稳定的解。这一类微分方程称为刚性方程。在求解刚性方程时，若为保证稳定解而恒定采用较小步长，将导致积分效率大幅降低。实际上，在图 7-7 中，若以斜率变化较小的 $t=1.2$ s 对应的精确解为初值，令步长为 0.4，在 $t=2$ s 时的绝对误差仅为 0.000347。可以看出，当解接近稳态时，速率变化率变化减小，采用较大步长亦可以取得较小的绝对误差。面对此类刚性问题，我们多采用变步长方法求解。以变步长龙格－库塔方法为例，其步长的确定有多种策略，下面我们仅介绍最简单的一种。

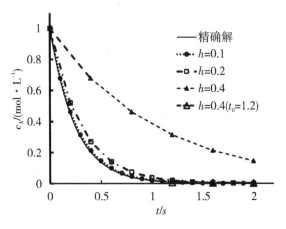

图7-7 不同步长下式(7-26) 的解

以四阶龙格－库塔公式为例，我们从节点 x_n 出发，首先以 h 为步长求出近似值 $y_{n+1}^{(h)}$。考虑到公式局部截断误差为 $O(h^5)$，则

$$y(x_{n+1}) - y_{n+1}^{(h)} \approx ch^5$$

现将步长折半为 $\dfrac{h}{2}$，通过两步计算求出 x_{n+1} 对应 y 近似值 $y_{n+1}^{\left(\frac{h}{2}\right)}$，每跨一步的截断误差可以写作 $c\left(\dfrac{h}{2}\right)^5$，则

$$y(x_{n+1}) - y_{n+1}^{\left(\frac{h}{2}\right)} \approx 2c\left(\frac{h}{2}\right)^5$$

比较两式，得

$$\frac{y(x_{n+1}) - y_{n+1}^{\left(\frac{h}{2}\right)}}{y(x_{n+1}) - y_{n+1}^{(h)}} \approx \frac{1}{16}$$

由此可得误差的事后估计式，为

$$y(x_{n+1}) - y_{n+1}^{\left(\frac{h}{2}\right)} \approx \frac{1}{15}\left[y_{n+1}^{\left(\frac{h}{2}\right)} - y_{n+1}^{(h)}\right]$$

据此，可以检查步长折半后的计算误差：

$$\Delta = \left| y_{n+1}^{\left(\frac{h}{2}\right)} - y_{n+1}^{(h)} \right|$$

在实际操作中，一般会指定单步的误差限 ε，若 $\Delta > \varepsilon$，则将步长反复折半计算，直至 $\Delta < \varepsilon$，从而保证计算精度；相反，若 $\Delta < \varepsilon$，则将步长反复加倍，直至 $\Delta > \varepsilon$，随后选取最后一次步长加倍前的结果，从而保证计算效率。表面上看，这一方法需要多次计算相同步骤以判断合适步长，每一步计算量增加，但对于斜率变化较小的区域，其能在保证计算精度的前提下尽可能加大步长，大幅度提高计算效率，总体考虑仍然值得。

7.5　MATLAB 求解初值问题的方法简介

MATLAB 为求解常微分方程初值问题提供了多种基于龙格－库塔方法的求解函数，以适应不同的问题需要。求解方法见表 7 - 3。

表 7 - 3　求解方法

问题类型	求解函数
非刚性问题	ode23，ode45，ode78，ode89，ode113
刚性问题	ode15s，ode23s，ode23t，ode23tb

利用上述函数求解常微分方程的基本流程如下：

（1）将待求解常微分方程（组）编写为函数文件。

（2）选择合适的求解函数。

（3）根据需要设置求解参数。

以使用 ode45 求解例 7.2 为例，首先将待求解微分方程写为函数：

function dydx = f(x , y)

　　dydx = y - 2 ∗ x/y

end

随后调用 ode45 求解上述函数。ode45 的常见调用格式如下：

$[T,Y] = ode45(@fun,TSPAN,Y0,options)$

其中，T 为自变量值列表，Y 为对应求解结果；@fun 为待求解方程的函数句柄，TSPAN 为求解区间，Y0 为初始条件，对于方程组，Y0 为一数组。options 用于控制求解过程，其中较为重要的是 RelTol、AbsTol，分别为相对误差、绝对误差。在每一步过程中，第 i 个变量分量误差 $e(i)$ 满足：$e \leqslant \max(RelTol \ast abs(y(i)),$ $AbsTol(i))$，积分步长由此决定。对于例 7.2，假设要求求解相对误差小于 10^{-4}，绝对误差小于 10^{-5}，则求解语句如下：

settings = odeset('RelTol' , 1e - 4 , 'AbsTol' , 1e - 5)

$[x,y] = ode45(@f,[0,1],1,settings)$

解得 $x = 1.0$，$y = 1.7321$，求解步长 $h = 0.025$。

自 R2023b 版本起，MATLAB 将常微分方程求解器整合进 ode 对象中。以求解例 7.2 为例，欲使用 ode45 求解器求解，并控制相对误差小于 10^{-4}，绝对误差小于 10^{-5}，则求解过程如下：

F = ode；

F. ODEFcn = @ (x , y) f(x , y)

F. InitialValue = [1]

F. Solver = 'ode45'

F. AbsoluteTolerance $= 1e - 5$

F. RelativeTolerance $= 1e - 4$

sol $=$ solve$(F, 0, 1)$

结果储存在 sol 变量中。

习 题 7

1. 用欧拉法求解初值问题

$$\begin{cases} y' = x^3 + 50y \\ y(0) = 0 \end{cases}$$

取步长 $h = 0.1$，计算到 $x = 0.3$（保留到小数点后四位）。

2. 分别用改进欧拉法和四阶龙格－库塔方法求解

$$\begin{cases} y' = 8 - 3y \\ y(0) = 2 \end{cases}$$

在 $y(0.4)$ 的近似值，取步长 $h = 0.05$，小数点后保留四位。

3. 一间歇式反应器中的反应可以用如下表达式表达其速率：

$$- r_A = - \frac{\mathrm{d}c_A}{\mathrm{d}t} = \frac{k_1 c_A}{1 + k_2 c_A}$$

其中，$k_1 = 1, k_2 = 0.1$，A 的初始浓度为 1，试通过改进欧拉法、四阶龙格－库塔方法求解 $t = 0.5$，1，1.5，2 时 A 的浓度值。取时间步长为 0.25。

4. 对包含三种化学物质的化学反应动力学模型，其浓度随时间变化的函数可以标记为 $y_1(t), y_2(t), y_3(t)$，则浓度由下列方程给出：

$$\begin{cases} y'_1 = - k_1 y_1 \\ y'_2 = k_1 y_1 - k_2 y_2 \\ y'_3 = k_2 y_2 \end{cases}$$

初始浓度为 $y_1(0) = 1$，$y_2(0) = y_3(0) = 0$，取 $k_1 = 1$，$k_2 = 10$，取时间步长为 0.1，试求 $t = 3$ 时各化学物质的浓度。

5. 对于问题 3 间歇式反应器中的反应，试使用变步长四阶龙格－库塔方法计算 $t = 5$ 时 A 的浓度值，要求保持精度为 10^{-3}。

参 考 文 献

[1] 陈欣，曲邵波，刘芳，等. 数值分析 [M]. 北京：电子工业出版社，2018.

[2] 褚衍东，常迎香，张建刚. 数值计算方法 [M]. 北京：科学出版社，2016.

[3] 黄华江. 实用化工计算机模拟：MATLAB 在化学工程中的应用 [M]. 北京：化学工业出版社，2010.

[4] 李庆扬，王能超，易大义. 数值分析 [M]. 5 版. 北京：清华大学出版社，2008.

[5] 李庆扬，王能超，易大义. 数值分析 [M]. 5 版. 武汉：华中科技大学出版社，2018.

[6] 蔺小林，蒋耀林. 现代数值分析 [M]. 北京：国防工业出版社，2004.

[7] 宋叶志，贾永东. MATLAB 数值分析与应用：640 分钟多媒体全程实录 [M]. 北京：机械工业出版社，2009.

[8] 王红，魏新. 数值分析与方法 [M]. 2 版. 哈尔滨：哈尔滨工程大学出版社，2013.

[9] 王煤，余徽. 化工计算方法 [M]. 北京：化学工业出版社，2008.

[10] 王明辉，王广彬，张闻. 应用数值分析 [M]. 北京：化学工业出版社，2015.

[11] 王泽闻，邱淑芳，阮周生. 数值分析与算法 [M]. 北京：科学出版社，2016.

[12] 易大义，沈云宝，李有法. 计算方法 [M]. 杭州：浙江大学出版社，2002.

[13] 张德丰. MATLAB 数值分析 [M]. 北京：清华大学出版社，2016.

[14] 钟秦，俞马宏. 化工数值计算 [M]. 2 版. 北京：化学工业出版社，2014.

[15] MOSTOUFI N, CONSTANTINIDES A. Applied numerical methods for chemical engineering [M]. London：Academic Press，2022.

[16] RECKKTENWALD G. 数值方法和 MATLAB 实现与应用 [M]. 伍卫国，万群，张辉，等译. 北京：机械工业出版社，2004.

[17] TIMOTHY S. 数值分析：第 2 版 [M]. 裴玉茹，马赓宇，译. 北京：机械工业出版社，2014.